高等院校机械类应用型本科"十二五"创新规划系列教材

顾问●张 策 张福润 赵敖生

生产实习指导书

主 编 王叶青

副主编 孙 未 杨朝全 保金凤 王海根

参 编 赵胜刚 李 平 王 涛

SHENGCHAN SHIXI ZHIDAOSHU

华中科技大学出版社
http://www.HUSTP.com
中国·武汉

内 容 提 要

本书以不同的机械制造生产模式为编写单元,对生产技术与管理、零件制造质量控制和检测方法、加工设备及车间布置、加工工艺装备、零件的加工特点和装配过程进行了介绍。内容包括零件毛坯生产车间实习、小件批量零件生产车间实习、大件大批量零件生产车间实习、单件小批量零件生产车间实习、数控加工生产车间实习、装配实习、生产技术部门实习、产品工艺文件管理实习和检测实习。在典型零件加工工艺过程分析中,在列举了加工工艺过程后,重点叙述机械制造技术课程理论在生产中的应用和具体体现,同时针对列举的零件提供了具体的实习步骤和重点观察内容。本书既可指导学生到生产现场后能够有条不紊地进行学习,完成理论到实践的体验,又可为培养学生积极主动地发现问题、分析问题和解决工程实际问题的能力提供行之有效的学习方法。

本书可供机械设计制造及其自动化、机械工程、工业工程(工程管理)、材料成形及控制工程等专业师生作为实习指导教材;也可为即将从事机械设计、机械制造工作的工程技术人员在见习期间的学习提供参考。

图书在版编目(CIP)数据

生产实习指导书/王叶青主编.—武汉:华中科技大学出版社,2014.5(2019.7 重印)
ISBN 978-7-5609-8091-1

Ⅰ.①生… Ⅱ.①王… Ⅲ.①安全生产-基本知识 Ⅳ.①X93

中国版本图书馆 CIP 数据核字(2014)第 134694 号

生产实习指导书   王叶青 主编

策划编辑:俞道凯
责任编辑:姚同梅
封面设计:陈 静
责任校对:朱 玢
责任监印:朱 玢
出版发行:华中科技大学出版社(中国•武汉)   电话:(027)81321913
         武汉市东湖新技术开发区华工科技园   邮编:430223
录   排:武汉正风天下文化发展有限责任公司
印   刷:北京虎彩文化传播有限公司
开   本:787mm×1092mm   1/16
印   张:14.25
字   数:360 千字
版   次:2019 年 7 月第 1 版第 5 次印刷
定   价:28.50 元

高等院校机械类应用型本科"十二五"创新规划系列教材

总　　序

胡锦涛同志在党的十七大上指出:教育是民族振兴、社会进步的基石,是提高国民素质、促进人的全面发展的根本途径。温家宝同志在 2010 年全国教育工作会议上的讲话中指出:民办教育是我国教育的重要组成部分,发展民办教育,是满足人民群众多样化教育需求、增强教育发展活力的必然要求。从 1998 年到 2010 年,我国民办高校从 21 所发展到了 676 所,在校生从 1.2 万人增长为 477 万人。《国家中长期教育改革和发展规划纲要》(2010—2020)颁布以来,我国高等教育发展正进入一个以注重质量、优化结构、深化改革为特征的新时期,独立学院和民办本科学校在拓展高等教育资源,扩大高校办学规模,尤其是在培养应用型人才等方面发挥了积极作用。

当前我国机械行业发展迅猛,急需大量的机械类应用型人才。全国应用型高校中设有机械专业的学校众多,但这些学校使用的教材中,既符合当前改革形势又适用于目前教学形式的优秀教材却很少。针对这种现状,急需推出一系列切合当前教育改革需要的高质量优秀专业教材,以推动应用型本科教育办学体制和运行机制的改革,提高教育的整体水平,加快改进应用型本科的办学模式、课程体系和教学方式,形成具有多元化特色的教育体系。现阶段,组织应用型本科教材的编写是独立学院和民办普通本科院校内涵提升的需要,是独立学院和民办普通本科院校教学建设的需要,也是市场的需要。

为了贯彻落实教育规划纲要,满足各高校的高素质应用型人才培养要求,2011 年 7 月,华中科技大学出版社在教育部高等学校机械学科教学指导委员会的指导下,召开了高等院校机械类应用型本科"十二五"创新规划系列教材编写会议。本套教材以"符合人才培养需求,体现教育改革成果,确保教材质量,形式新颖创新"为指导思想,内容上体现思想性、科学性、先进性和实用性,把握行业岗位要求,突出应用型本科院校教育特色。在独立学院、民办普通本科院校教育改革逐步推进的大背景下,本套教材特色鲜明,教材编写参与面广泛,具有代表性,适合独立学院、民办普通本科院校等机械类专业教学的需要。

本套教材邀请有省级以上精品课程建设经验的教学团队引领教材的建设,邀请本专业领域内德高望重的教授张策、张福润、赵敖生等担任学术顾问,邀请国家级教学名师、教育部机械基础学科教学指导委员会副主任委员、华中科技大学机械学院博士生导师吴昌林教授担任总主编,并成立编审委员会对教材质量进行把关。

我们希望本套教材的出版,能有助于培养适应社会发展需要的、素质全面的新型机械工程建设人才,我们也相信本套教材能达到这个目标,从形式到内容都成为精品,真正成为高等院校机械类应用型本科教材中的全国性品牌。

高等院校机械类应用型本科"十二五"创新规划系列教材

编审委员会

2012-5-1

前　　言

　　生产实习是培养学生将所学的专业知识与实际生产相结合的能力的重要教学环节,重点培养学生在实际工作中观察、分析、研究和解决问题的能力。为适应不同的实习条件,达到机械设计、制造及自动化专业生产实习教学目标,本书内容根据教学大纲的要求和多年的实习教学经验,针对不同的实习环境、不同的机械制造生产模式,以及不同的车间布置、生产管理、加工过程进行了分类。为能全面指导学生实习,使其到生产现场后能够有条不紊地进行学习,完成从理论到实践的体验,本书将课程理论与其在生产中的应用和具体体现联系起来,以指导学生在实习中能积极主动发现问题、分析问题和解决工程实际问题。编写中重点体现实习方法、步骤及各种加工原则的在加工过程中的应用。为了具有更好的通用性,编写中以典型零件加工过程和常用部件的装配过程为例,以达到举一反三的目的。

　　本书除绪论外,共十章:第1章为生产过程简介,第2章为零件毛坯生产车间实习,第3章为小件批量零件生产车间实习,第4章为大件大批量零件生产车间实习,第5章为单件小批量零件生产车间实习,第6章为数控加工生产车间实习,第7章为装配实习,第8章为生产技术部门实习,第9章为产品工艺文件管理实习,第10章为检测实习。

　　本书由山东科技大学王叶青任主编,成都理工大学孙未、山东枣庄科技职业学院杨朝全、北京理工大学珠海学院保金凤、浙江工业大学之江学院王海根任副主编,山东科技大学赵胜刚、华中科技大学武昌分校李平、山东科技大学王涛任参编。

　　由于编者水平有限,书中难免有缺点和错误,恳请同行和读者不吝指教。

编者

2012 年 5 月

目　　录

第0章　绪论 ·· (1)

0.1　实习目的与要求 ··· (1)

0.2　实习要求 ··· (1)

　　0.2.1　实习工厂的选择 ··· (1)

　　0.2.2　对指导教师的要求 ·· (1)

　　0.2.3　对学生的要求 ··· (2)

0.3　实习内容 ··· (2)

0.4　实习方式、管理及考核 ·· (3)

　　0.4.1　实习 ··· (3)

　　0.4.2　实习管理与指导 ·· (4)

　　0.4.3　实习成绩考核 ·· (5)

0.5　实习日记与实习报告撰写 ··· (5)

0.6　实习报告的装订 ··· (6)

第1章　生产过程简介 ··· (7)

1.1　生产方式 ··· (7)

1.2　产品质量要求 ··· (8)

1.3　影响加工精度的因素 ·· (9)

1.4　加工质量分析和控制措施 ··· (10)

　　1.4.1　尺寸精度控制措施 ·· (10)

　　1.4.2　形状精度控制措施 ·· (10)

　　1.4.3　位置精度控制措施 ·· (12)

　　1.4.4　表面粗糙度质量控制措施 ··· (14)

　　1.4.5　表面质量控制措施 ·· (16)

第2章　零件毛坯生产车间实习 ··· (18)

2.1　概述 ·· (18)

　　2.1.1　毛坯的类型、特点 ·· (18)

　　2.1.2　毛坯对切削加工的影响 ··· (18)

2.2　锻造 ·· (19)

　　2.2.1　锻造车间的特点 ·· (19)

　　2.2.2　锻造使用的设备、模具、工装 ···································· (20)

　　2.2.3　锻造加工工艺过程 ·· (22)

　　2.2.4　锻造工艺文件 ·· (31)

2.3　铸造 ·· (33)

  2.3.1 铸造车间布置特点 ·· (33)

  2.3.2 铸造工艺装备 ·· (33)

  2.3.3 铸造工艺 ·· (38)

 2.4 焊接 ·· (40)

  2.4.1 焊接车间布置特点 ·· (40)

  2.4.2 使用的焊接设备 ··· (42)

  2.4.3 焊接工艺过程 ·· (42)

第3章 小件批量生产车间实习 ··· (46)

 3.1 生产及管理特点 ·· (46)

 3.2 生产车间使用的设备及布置特点 ························ (46)

  3.2.1 布置特点 ·· (46)

  3.2.2 常使用的工艺装备及加工特点 ······················ (46)

 3.3 零件加工工艺举例 ·· (60)

  3.3.1 轴类零件 ·· (60)

  3.3.2 套筒零件 ·· (70)

  3.3.3 齿轮零件 ·· (73)

第4章 大件大批量零件生产车间实习 ·········form··· (79)

 4.1 生产及管理特点 ·· (79)

 4.2 生产车间使用的设备及布置特点 ························ (80)

  4.2.1 生产车间布置特点 ·· (80)

  4.2.2 常使用的工艺装备及加工特点 ······················ (80)

 4.3 零件加工工艺分析 ·· (93)

  4.3.1 箱体零件加工 ·· (93)

第5章 单件小批量零件生产车间实习 ···················· (106)

 5.1 生产及管理特点 ·· (106)

  5.1.1 单件小批量零件的生产特点 ····················· (106)

  5.1.2 单件小批量零件的管理特点 ····················· (106)

 5.2 加工工艺特点 ··· (106)

 5.3 生产车间布置特点及使用的设备 ··················· (107)

  5.3.1 生产车间布置特点 ··································· (107)

  5.3.2 常使用的工艺装备及加工特点 ·················· (107)

 5.4 零件加工工艺举例 ······································· (114)

  5.4.1 轴类零件加工 ··· (114)

  5.4.2 套类零件加工 ··· (116)

  5.4.3 箱体类零件加工 ····································· (117)

第6章 数控加工生产车间实习 ······························ (121)

 6.1 生产及管理特点 ··· (121)

  6.1.1 数控加工的生产特点 ······························ (121)

　　　　6.1.2　数控加工的管理特点　……………………………………………（121）

　　6.2　生产车间使用的设备及布置特点　……………………………………（122）

　　6.3　数控加工工艺特点　……………………………………………………（123）

　　6.4　零件数控加工工艺　……………………………………………………（123）

　　　　6.4.1　数控车削加工　…………………………………………………（123）

　　　　6.4.2　数控铣削加工　…………………………………………………（130）

　　　　6.4.3　数控加工中心加工　……………………………………………（135）

　　　　6.4.4　数控线切割加工　………………………………………………（139）

第7章　装配实习…………………………………………………………………（141）

　　7.1　装配生产及管理特点　…………………………………………………（141）

　　7.2　装配车间使用的设备及布置特点　……………………………………（142）

　　　　7.2.1　装配车间的布置特点　…………………………………………（142）

　　　　7.2.2　装配车间使用的设备　…………………………………………（142）

　　7.3　装配工艺　………………………………………………………………（146）

　　　　7.3.1　绘制装配工艺系统图绘制　……………………………………（146）

　　　　7.3.2　保证装配精度的方法　…………………………………………（148）

　　7.4　发动机装配过程举例　…………………………………………………（148）

　　　　7.4.1　发动机总装配过程　……………………………………………（148）

　　　　7.4.2　发动机装配工艺特点　…………………………………………（149）

　　7.5　变速器装配过程举例　…………………………………………………（153）

　　7.6　汽车总装配过程举例　…………………………………………………（156）

第8章　生产技术部门实习………………………………………………………（157）

　　8.1　技术部门　………………………………………………………………（157）

　　8.2　设计软件　………………………………………………………………（158）

　　　　8.2.1　Pro/E 软件简介　………………………………………………（158）

　　　　8.2.2　UG 软件简介　…………………………………………………（160）

　　　　8.2.3　MasterCAM 软件简介　………………………………………（161）

　　　　8.2.4　SolidWorks 软件简介　…………………………………………（162）

　　8.3　设计过程实习　…………………………………………………………（163）

　　　　8.3.1　刮板的实体设计举例　…………………………………………（163）

第9章　产品工艺文件管理实习…………………………………………………（169）

　　9.1　工艺文件的类型　………………………………………………………（169）

　　　　9.1.1　工艺文件的定义及其作用　……………………………………（169）

　　　　9.1.2　工艺文件的类型　………………………………………………（169）

　　9.2　工艺文件的管理方法　…………………………………………………（174）

　　　　9.2.1　图号的编制　……………………………………………………（174）

　　　　9.2.2　复制图的折叠方法　……………………………………………（177）

　　9.3　图样的管理方法　………………………………………………………（180）

9.3.1 图样分类 …………………………………………………… (180)

9.3.2 编号方法 …………………………………………………… (180)

9.3.3 更改办法 …………………………………………………… (181)

9.4 图样及文件的保管 ………………………………………… (181)

第10章 检测实习 ……………………………………………… (183)

10.1 零部件常用检测技术 …………………………………… (183)

10.1.1 长度检测技术 …………………………………… (183)

10.1.2 高度检测技术 …………………………………… (185)

10.1.3 深度与厚度的检测技术 ………………………… (186)

10.1.4 角度检测技术 …………………………………… (189)

10.1.5 内、外径检测技术 ……………………………… (192)

10.1.6 其他常用检测技术 ……………………………… (196)

10.2 量规、卡规检测技术 …………………………………… (197)

10.2.1 卡规检测技术 …………………………………… (197)

10.2.2 量规检测技术 …………………………………… (204)

10.2.3 用千分表的检测技术 …………………………… (206)

10.3 三坐标测量机 …………………………………………… (211)

10.4 常用件测量仪器 ………………………………………… (213)

10.4.1 CNC齿轮测量中心 ……………………………… (213)

10.4.2 连杆综合测量装置 ……………………………… (214)

10.4.3 曲轴综合测量仪 ………………………………… (215)

参考文献 ………………………………………………………… (217)

第0章 绪 论

0.1 实习目的与要求

（1）培养学生理论与实践相结合的能力，使学生全面发展。通过生产实习，学生应学会全面、辩证地看待问题，善于发现问题、分析问题，并掌握抓住重点、勤于总结的学习方法。通过实习能够进一步巩固和深化学生所学的理论知识，弥补理论教学的不足，以提高教学质量。

（2）通过生产实习，学生应初步了解企业文化、企业的组织结构、车间布置特点、设备管理方法、技术开发过程、新技术的应用、人员使用、厂区规划等状况，进一步提高对机械设计、制造行业的认识，加深对机械设计、制造方法的理解。通过生产实习接触、认识社会，提高社会交往能力，学习工人师傅和工程技术人员的优秀品质和敬业精神，了解工程技术人员的工作特点和应具备的素质，培养专业素质和社会责任感，以适应市场经济建设的需求。

（3）通过对制造厂的参观、考察和询问及对所收集资料的分析，学生可学习前人的生产实践经验，开阔视野，了解制造与自动化设备及技术资料，熟悉典型零件的加工工艺，考察先进制造技术在实际生产中的应用情况，掌握本专业的发展动态，为后续专业课学习和毕业设计打好基础。

0.2 实习要求

0.2.1 实习工厂的选择

（1）生产实习单位应具有中、大型规模和现代化的技术水平，拥有较多类型的机电设备，生产技术较先进，工艺路线清晰。工厂的实习、培训部门应有一定的接纳能力和培训经验，有进行实习指导的工程技术人员，同时应能提供较充足的图样、资料等技术文件。

（2）优先选择产品制造厂，特别是制造过程完整、典型零件工艺路线清晰、零件加工品种多的工厂或生产过程自动化程度较高的厂作为实习地点。

（3）为扩大学生的知识面，可同时选择有关的几个大、中型工厂，进行参观实习。

0.2.2 对指导教师的要求

（1）指导实习的教师应责任心强、认真刻苦、身体健康。实习中要强调教书育人，加强对学生的思想教育工作。

（2）实习教师应具有一定的专业理论知识和较好的实践能力。能认真组织实习活动，讲解现场技术问题，并与工厂相互配合，完成实习全部过程。指导学生记实习笔记、写实习报告等。实习结束后，对学生实习成绩给出实事求是的评定。

（3）实习教师应能合理搭配,应具有一定的社交能力和组织能力。坚持原则,关心学生的实习、生活等,做学生的良师益友。

（4）实习结束后,及时向教务部门提交学生实习成绩单。

0.2.3　对学生的要求

（1）明确实习目的,认真学习实习大纲,提高对实习的认识,做好思想准备。

（2）认真完成实习内容,按规定记实习笔记,撰写实习报告,收集相关资料。

（3）虚心向工人师傅和工程技术人员学习,尊重知识,敬重他人,甘当"小学生"。及时整理实习笔记、报告等。不断提高分析问题、解决问题的能力。

（4）自觉遵守学校、实习单位的有关规章制度,服从指导教师的领导,培养良好的学习风气。

（5）实习结束后,应在规定时间内交齐实习笔记、实习报告等。

0.3　实习内容

实习内容主要有以下几项。

（1）了解实习企业的组织机构和生产组织管理模式。

（2）了解某一产品的机械制造生产过程(毛坯→加工→热处理→检验→装配)。

（3）了解企业生产过程中使用的技术文件类型(如零件图、装配图、机械加工过程卡片、机械加工工序卡片等)。

（4）了解生产车间设备布置、管理特点。

（5）掌握和分析典型机械零件的结构(如箱体、传动轴、齿轮、机体、曲轴、凸轮轴、叉架、模具等)和机械加工工艺过程。体会拟定机械加工工艺过程的原则和基准选择原则在加工过程的应用。

（6）掌握典型工艺系统组成部分(机床、夹具、刀具、工件等)的性能、结构特点和相互之间的连接方式。

（7）了解检验主要零部件使用的量具类型和测量方法及公差与技术测量在现场应用的实例。

（8）了解工厂的先进设备及特种加工。

（9）参观较先进的生产线、自动线、装配线等。

（10）了解技术文档资料的编写和管理规范。

下面简要介绍机械制造生产过程的实习要求。

1）毛坯制造过程

（1）了解毛坯图、毛坯制造工艺卡等技术文件。

（2）了解各种毛坯的制造(铸造、锻压、焊接)工艺过程、特点。

（3）了解对制造各种毛坯工作场地的要求和生产组织管理的特点。

（4）了解毛坯制造使用的设备特点和安全要求。

（5）了解毛坯的质量检验方法及常见的质量缺陷。

2) 机械加工过程

(1) 选择若干典型零件作为具体实习对象,分析零件的结构特点和加工要求。

(2) 按照典型零件不同的生产类型,了解各种不同的加工工艺过程。分析加工工艺过程制定和基准原则是怎样在加工工艺过程中体现的。

(3) 在明确加工工艺过程的基础上,具体分析每个工序中使用的工艺系统组成特点、详细的装夹过程、切削过程及零件的测量、检验方法。

(4) 通过现场观察,学习技术人员分析保证零件加工质量的方法。

3) 零件热处理过程

(1) 了解热处理使用的各种设备特点。

(2) 了解常用的热处理方法和操作过程。

(3) 了解热处理的质量管理方法、安全防护及环境保护采取的措施。

4) 检验过程

(1) 了解企业生产过程中使用的各种通用量具、量仪的结构原理和正确使用方法。

(2) 了解大批量生产中使用的专用量具类型和结构特点。

(3) 了解测量特殊表面使用的量具和测量方法。

5) 装配过程

(1) 了解典型部件或产品的结构、工作原理、使用性能和技术要求。

(2) 了解典型部件的装配工艺过程、装配线的组织管理形式。

(3) 了解装配过程中使用的工艺装备特点,保证装配质量采取的各种具体措施和控制方法。

0.4　实习方式、管理及考核

0.4.1　实习

实习方式比较灵活,学生可通过参加专题报告、观看视频资料、车间参观、现场操作体验、阅读技术文件及管理文件、与技术人员交流、向教师提问、同学之间互相讨论分析等多种形式进行。

1. 专题报告

结合实习工厂的实际情况,聘请工厂技术人员,做典型零件的加工工艺专题技术讲座。讲解机械零件加工、装配检验等相关技术问题和行业发展状况等。专题报告可包括以下内容:

(1) 企业生产现状及发展前景;

(2) 入厂安全教育;

(3) 企业的产品特点及生产过程;

(4) 典型零件的生产方式和加工工艺过程特点;

(5) 典型的工艺装备介绍;

(6) 生产组织和质量管理模式。

2. 车间实习

车间实习是整个实习环节的重点。学生要带着问题到车间的生产一线，仔细了解主要零件的生产流程、加工方法及其主要工艺文件，通过观察、记录、查阅资料、现场请教等使问题得到解决。

为避免学生在实习车间过于拥挤，应将学生进行分组，每组选出组长两名，协助带队指导教师，共同负责实习工作。实习笔记应是在实习过程中记录的每天实际实习内容、心得体会和发现的问题，并包括加工设备、工艺过程、检测方法、质量保证等内容。

3. 观看视频资料

充分发挥视频资料信息量大、技术内容更新快，学习条件不受时间、地点限制的特点，通过观看机械制造有关录像片，了解更多的先进制造技术和高度机械自动化生产方式。为保证学生观看质量，教师应不断针对视频内容进行讲解，反复观看，引导学生理解，避免"雾里看花不识花"现象的出现。

4. 现场操作体验

在有条件的情况下，学生可跟现场工人师傅学习进行实际操作，掌握找正、定位、夹紧方法及尺寸的测量方法，详细观察切削过程、切削用量对加工的影响，掌握刀具的选用、处理不同切屑及保证加工质量的方法。

5. 阅读技术文件及管理文件

现场的技术文件及管理文件主要有加工零件图、装配图、工序图、工艺过程综合卡片、工艺卡片、作业指导书、机床调整卡、检验工序卡、质量控制点检验卡、设备维修保养记录卡、零件加工自检表等。在实习过程中要结合生产实际，阅读、分析这些文件，了解其内容和作用，并适当进行记录。

6. 讨论分析

根据实习情况，对看到的现象多提问，并进行讨论、分析和总结。讨论分析可从以下几个方面进行。

（1）零件加工工艺过程的特点是什么？

（2）专用设备或工艺装备的工作原理、结构特点有哪些？

（3）某工序的加工质量是怎样控制的？切削参数为什么这样选择？为什么某工序所采用的加工方法可提高生产率？

0.4.2　实习管理与指导

（1）参与生产实习的所有学生要明确实习的任务、目的及要求，在参观实习时，要按照厂区工作人员的要求规范，安全实习。

（2）安全第一。学生应学会自己管理自己、服从厂方教育科、安全技术人员及指导教师的管理，严格遵守工厂和车间的各项规章制度，遵守实习单位的保密制度。

（3）进入实习现场衣服要求统一，进入车间不准穿凉鞋，男生不许穿背心、短裤，女生不许穿裙子，要戴帽子。可穿带袖的短褂。

（4）实习观看加工过程时，要站在机床的侧面，注意起重设备，防止碰伤，避免围观而影响生产。

（5）实习中途休息时，不要聚集在车间门口或车间主干道上。

（6）观察设备加工过程时，未经允许不得动用设备和工、刃、量具，更不得随意开动车间的机器设备。出现问题时，必须保护现场，并立即请示报告。

（7）在实习期间，学生应认真记录每天的实习笔记（日志），作为实习结束后撰写实习报告的依据。

（8）严格遵守学校的各项规章制度。

① 学生往返实习场所应集体行动。

② 学生实习期间一般不得请假，坚持考勤制度，严格遵守作息时间，不迟到，不早退。

③ 生产实习期间不得私自外宿。

④ 要严格遵守工厂的规章制度和操作规程。

⑤ 爱护公共财物，节约水电。

（9）在实习期间，指导教师要及时针对学生实习中出现的问题，及时讲解较集中的与实习相关的专业课内容，组织教学活动。

0.4.3 实习成绩考核

实习结束后，由实习指导教师根据随时考察到的学生在实习中的表现，如出勤情况、实习态度等，以及抽查的实习日记内容，结合实习报告质量及现场考核和笔试（或口试）的成绩进行综合评定，学生成绩按优、良、中、及格、不及格五级制记分。对实习中严重违反纪律的学生，视情节降低成绩。实习期间缺席时间达三分之一者（含病事假），不能参加考核。

0.5 实习日记与实习报告撰写

1. 实习日记

实习日记是实习过程中记录的在现场所观察到的内容和学习到的知识。它反映了生产实习中的收获和体会的深入程度，对反映生产实习效果起着重要的作用。因此要求学生每天必须认真作记录。记录内容可参考基本要求和在现场看到的具体内容。实习日记尽量用图和表格表示。如：进入车间可通过展板了解设备布置情况；对看到的零件用视图或简单的立体图记录下来，在图上用符号标注出被加工面、定位基准面和夹紧点；对具体工序的记录，可将工艺系统各部分之间的联系用简单的示意图画出，用箭头标出各部分之间的相对运动。

2. 实习报告

每位学生根据实习日记整理出一份实习报告。实习报告作为生产实习总结性文件，既有观察内容又有理论分析，一般不限制具体内容。报告要体现出学生在实习阶段的学习能力及独立工作能力，反映出学生实习的收获和理论水平，所写内容应做到重点突出、层次分明，要与实习要求内容相符，按照实际情况写，不能写成流水账式或教材式报告。必要时用简图、曲线、表格或图片等方式说明。字迹要工整，图形要清晰；可参考别人的资料，但不得抄袭，一旦发现一律作为零分处理。如有引用或从别处摘录的内容要标明出处。参考文献的标注方法一律采用文后注释，具体格式为：引文标题、作者、出处（刊物名称）、页码、发表日期或出版者、出版时间和版次。

实习报告一定要用学校统一要求设计的封面,用 A4 纸按规定格式撰写,其内容应包含如下几部分。

(1) 实习名称、地点、时间。

(2) 实习目的及要求。

(3) 实习单位概况。

(4) 生产单位的产品介绍。

(5) 具体的加工过程实习及内容,如车间设备布置概况、主要工序使用的工艺装备情况、典型零件的加工工艺过程,工艺过程卡及工序卡,在此基础上总结分析出具体 1~2 个典型零件加工工艺过程制定的理论依据,提出自己对该零件加工过程的合理化建议。

(6) 产品或部件的装配草图及装配流程图和装配技术要求。

(7) 总结本次实习的感想与体会和收获。

0.6　实习报告的装订

实习报告的装订顺序:封面、目录、正文、参考文献、封底。要求采用 A4 纸竖装。

封面内容包括学校、系别、专业和学生姓名、实习报告题目等,由学生本人填写。

指导教师评语栏中,学生姓名、专业班级、题目等由学生填写;起止时间、主要内容、进度安排等由指导教师填写。

第1章 生产过程简介

机械产品是指机械制造厂家向用户或市场提供的成品或附件,如汽车、发动机、机床等。任何机械产品都可以看做由若干部件组成,部件又可分为不同层次的子部件(也称分部件或组件),直至最基本的零件单元。

机械产品的生产过程是指从原材料(或半成品)开始直到制造成为产品之间的各个相互联系的全部劳动过程的总和。机械产品的生产过程一般包括:

(1) 生产与技术的准备,如工艺设计和专用工艺装备的设计和制造、生产计划的编制、生产资料的准备等;

(2) 毛坯的制造,如铸造、锻造、冲压等;

(3) 零件的加工,如切削加工、热处理、表面处理等;

(4) 产品的装配,如总装、部装、调试检验和喷涂等;

(5) 生产的服务,如原材料、外购件和工具的供应、运输、保管等。

1.1 生产方式

目前机械制造业生产的主要特点是:离散为主,流程为辅,装配为重点。

机械制造业生产方式有两种类型,即离散型和流程型。离散型是指以一个个单独的零部件组成最终产品的方式。因为其产品的最终形成是以零部件的拼装为主要工序,所以装配自然就成了重点。流程型是指通过对一些原材料的加工,使其形状或化学属性发生变化,最终形成新形状或新材料的生产方式,如冶炼就是典型的流程型生产。

对于离散型生产制造业,按照生产的稳定性和重复程度可把生产方式大致划分为单件生产、成批生产、大量生产三种类型。按照生产的自动化程度划分为手工制造、机械化生产、单机自动化生产、刚性流水自动化生产、柔性自动化生产、智能自动化生产。按照资源配置划分为劳动密集型、设备密集型、信息密集型、知识密集型。

1. 单件生产的基本特点

单件生产的产品种类繁多,每种产品的产量很少,主要是采用通用的设备和熟练的工人进行生产,这种生产方式的特点是灵活性大、生产品种多,但批量太小,产品制造成本很高,零部件之间没有互换性,而且很少重复生产。重型机械产品制造和新产品试制等多采用单件生产方式。

2. 成批生产的基本特点

成批生产为按批量生产相同的产品,生产过程呈周期性重复。如机床制造、电机制造等多采用成批生产。成批生产一般同时采用专用设备及通用设备进行生产,按每种产品每次投入生产的数量,分为大批量生产、中批量生产和小批量生产三种类型。其中,小批量生产和大批量生产的工艺特点分别与单件生产和大量生产的工艺特点类似;中批量生产的工艺特点介于小批量生产和大批量生产之间。

3. 大量生产的基本特点

大量生产方式下,产品的产量大、品种少,主要采用专用机械设备和非熟练与半熟练的工人进行生产,产品设计由精通某些具体专业的技术人员完成。大多数工作地点长期重复地进行某个零件的某一道工序的加工。例如,汽车、拖拉机、轴承等的制造都属于大量生产。这种方式解决了零件的互换性问题,可以生产出大量的标准化产品。这种生产方式是采用规模化生产,可降低成本,而且还能通过重复性和互换性保证质量和良好的维修性。但是由于生产品种单一,产品更新困难。

4. 柔性自动化生产特点

柔性自动化生产采用了柔性制造技术,它以工艺设计为先导,以数控技术为核心,是高效率完成企业多品种、多批量的加工、制造、装配、检测等过程的先进生产技术。它涉及计算机、网络、控制、信息、监测、生产系统仿真、质量控制与生产治理等技术。适用于柔性自动化生产的设备有数控机床、辅助设备、传输装置、机器人、存储装置、柔性自动装夹具、检具、交换装置及更换装置、接口等。使用的自动化控制和管理技术包括分布式数字控制技术、质量统计和管理信息集成技术、生产规则和动态调度控制技术、计算机技术、网络技术、通信技术、生产系统仿真技术等。柔性自动化生产技术具有的高效性、灵活性和缩短投产预备时间等特性,使其成为实施敏捷制造、并行工程、精益生产和智能制造等先进制造系统的基础。

5. 智能自动化生产的特点

智能制造(intelligent manufacturing,IM)是一种由智能机器和人类专家共同组成的人机一体化智能系统,它在制造过程中能进行智能活动,如分析、推理、判断、构思和决策等。通过人与智能机器的合作,去扩大、延伸和部分地取代人类专家在制造过程中的脑力劳动。它把制造自动化的概念更新,扩展到柔性化、智能化和高度集成化。智能化是制造自动化的发展方向。在制造过程的各个环节几乎都可应用人工智能技术。专家系统技术可以用于工程设计、工艺过程设计、生产调度、故障诊断等,也可以将神经网络和模糊控制技术等先进的计算机智能方法应用于产品配方、生产调度等,实现制造过程智能化。而人工智能技术尤其适合于解决特别复杂和不确定的问题。从广义概念上来理解,计算机集成制造、敏捷制造等都可以看做智能自动化生产的实例。

1.2　产品质量要求

在机械制造中,为了保证从零件的加工、部件组装到机器的装配调试这一系列环节的成功,实现机器的使用功能和保证其正常运行,必须对零件的加工工艺过程进行控制。同时,应对制造过程和调试结果进行检验测量。

零件的加工质量包括零件的加工精度和表面质量两个方面的内容。

加工精度又包括尺寸精度、形状精度和位置精度,它是指零件加工后的尺寸、形状、位置等实际几何参数与理想几何参数相符合的程度。实际参数与理想参数之间的偏离程度称为误差,误差越大,精度越低,零件的加工质量越差。

表面质量又涉及表面几何形状特征(表面粗糙度和表面波度)和表面物理力学状态(表

面加工硬化、表面金相组织和表面残余应力）两方面内容。

质量控制是企业生产中最重要的一环。机械加工质量的控制就是对零件加工精度和表面质量的控制。制造者对加工零件的质量控制内容包括在零件加工过程中采取质量控制工艺措施和加工内容完成后的检验测量。

在机械加工过程中，要控制加工质量，必须了解和分析加工质量不能满足要求的各种影响因素，并采取有效的工艺措施来克服，从而保证加工质量。

1.3　影响加工精度的因素

在机床、工件、夹具和刀具组成的一个完整加工工艺系统中，加工精度涉及整个工艺系统的精度，工艺系统的各种误差在加工过程中会在不同的情况下，以不同的形式反映为加工误差而影响加工质量。这些误差统称为原始误差，如图 1-1 所示。

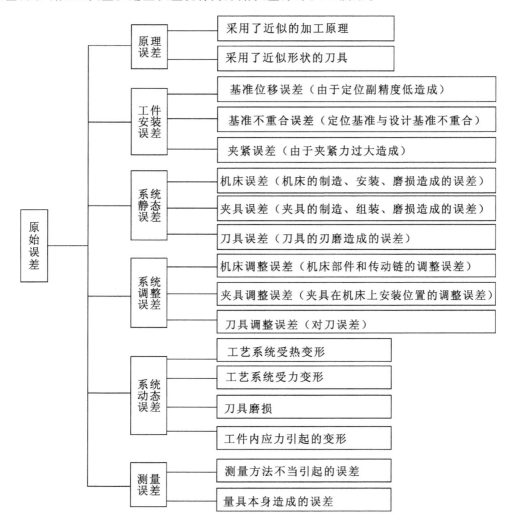

图 1-1　原始误差

1.4 加工质量分析和控制措施

1.4.1 尺寸精度控制措施

以车削加工为例,零件尺寸精度的质量问题分析与控制措施见表1-1。

表1-1 尺寸精度控制措施

项目	质量不合格原因	控 制 措 施
径向尺寸精度	看错图样、刻度盘使用不当、进刀量不准确等	看清图样要求、正确使用刻度盘,消除中拖板丝杆间隙,在接近图样尺寸时,采用公差带宽度切深法进刀(即每次进刀量为直径公差带宽度)等
	没有进行试切	正确计算背吃刀量,进行反复试切
	量具有误差或测量不正确	检查或调整量具,掌握正确的测量方法
	由于切削温度过高,使工件尺寸发生变化	减少切削热的产生,降低切削区温度,使用冷却效果好的切削液,掌握温度与尺寸变化规律
	径向切削分力过大,使刀架产生位移	加大车刀偏角,减小刀尖圆弧半径,尽量使用零度刃倾角的车刀,磨削时及时修整砂轮
	因积屑瘤产生过切量	抑制积屑瘤产生:避免中速切削,加强润滑,使用较大前角的车刀,降低刀具前刀面表面粗糙度等
	由于切屑缠绕产生让刀	注意断屑和排屑
	钻孔时钻头主切削刃刃磨不对称造成孔径偏大	修磨钻头
	铰孔时铰刀尺寸偏大、尾座偏移	检测铰刀尺寸,研磨铰刀后进行试切;调整尾座,采用浮动套筒连接铰刀等
轴向尺寸精度	刀具磨损严重	减少刀具磨损、及时换刀、调整切削用量等
	机床纵向移动刻度精度低、刻度盘间隙大	刻度盘数字只作参考,采用试切或改用死挡铁确定刀架的轴向位置
	车床小刀架拖板松动,使车刀位移	减小小刀架拖板燕尾槽间隙
	死挡铁接触处有异物	消除死挡铁处异物,并使之保持清洁
	轴类零件台阶处不平整或不垂直	车削时车刀主切削刃应平直,安装要正确,台阶较大时应进行横向进给,退刀不应太快等
	测量不便或测量方法不正确	改进测量方法,选用适合的测量工具

1.4.2 形状精度控制措施

形状精度质量问题分析与控制措施见表1-2。

表 1-2　形状精度控制

项目	质量不合格原因	控 制 措 施
圆度	机床主轴间隙过大	加工前检查主轴间隙并予以调整,根据机床使用年限,确定是否更换主轴轴承等
	毛坯余量不均匀产生复映误差	粗、精加工分开,控制好精加工余量
	中心孔质量不高或接触不良、顶尖孔圆度超差、顶尖工作表面质量差	使顶尖松紧得当,检查顶尖工作表面质量,进行重磨、重车或更换顶尖;重打或研磨中心孔,提高中心孔质量;精度要求较高时尽量使用死顶尖
	薄壁工件装夹时产生变形	夹紧力大小应适当;避免工件径向受力;增大夹紧元件工作面与工件接触面积;精加工时应适当松开夹紧机构
	镗床夹具的镗套圆度超差、镗套与镗杆配合间隙过大	提高夹具精度;及时更换镗套
	无心磨削时前道工序形状精度超差	提高上道工序形状精度;多次走刀使误差减小
圆柱度	用两顶尖或一顶一夹装夹工件时,由于后顶尖轴线不在主轴轴线上	车床移动尾座、磨床转动工作台,用试切法找正锥度合格后锁定尾座和工作台;在加工同批工件时机床尾座不宜移动
	用车床小刀架滑板加工外圆时产生锥度	严格使车床小刀架滑板"对零",并进行试切
	用卡盘装夹工件时产生锥度	调整主轴箱,使主轴箱轴线与床身导轨平行;修磨严重磨损的床身
	装夹工件悬臂过长,在径向切削分力作用下工件前端偏离主轴线	尽量缩短工件伸出长度 $L=(1\sim1.5)d(d$——工件直径$)$;使用后顶尖以增加工艺系统刚度
	由于切削路程较长,车刀或砂轮逐渐磨损	选用较硬的刀具材料;减小切削速度;增大进给量;选用润滑效果较好的切削液
直线度	细长圆柱体工件受切削力、自重和旋转时离心力的作用产生弯曲和呈鼓形	降低工作转速,减小背吃刀量;使用较大主偏角的车刀,减小刀尖圆弧半径,不使用负刃倾角的刀具;使用中心架或刀架,改进进刀方向使刀杆或工件从受压状态变为受拉,避免失稳
	由于机床导轨磨损直线度超差使刀具轨迹不是一条直线	修复不合格导轨
	由于温度过高或受外力,引起机床导轨变形,使机床导轨在水平或垂直方向产生局部位移	减少切削热的产生,加快切削热的传导,降低机床主轴箱和液压系统的温升;定期更换润滑油和液压油;控制环境温度;定期调整机床导轨和主轴轴承间隙,大型机床在重要加工前应先检查或调整机床导轨
	浮动镗时,前道工序的直线度超差	提高上一道工序的直线精度

续表

项目	质量不合格原因	控制措施
平面度	周铣时铣刀圆柱度超差	重磨或更换铣刀
	端铣时铣床主轴轴线与进给运动方向不垂直	重新安装刀盘或调整铣床主轴轴线与进给运动方向的垂直度
	铣刀宽度或直径不够大,产生接刀刀痕	选择尺寸足够大的铣刀,避免接刀,或使接刀痕迹均匀;精加工时应尽量避免接刀
	因切削力、夹紧力大小不当产生夹紧变形	尽量减小切削力,夹紧力要适当,夹紧力作用点要选择合理;施加夹紧力先后顺序要正确;精加工前适当松开工件,使变形得以恢复;粗、精加工分开;改善夹具结构,增设辅助支承等
	加工时产生热变形	减少切削热,加速切削热传导,粗、精加工分开
	加工过程中由于工艺系统刚度不足,产生让刀	增加工艺系统刚度;改善刀具结构;调整切削用量;减小切削力;选择合适的机床型号,避免"小马拉大车"
	车削大平面时由于车刀磨损或让刀	降低切削用量,改善车刀结构;使用润滑效果较好的切削液,使车刀耐磨;锁紧大、小拖板,防止让刀;有时可利用平面上的沟槽变更切削速度,以减小刀具磨损
轮廓度	成形刀具的制造精度和缺陷造成轮廓精度不合格	提高成形刀具制造精度或做局部修复;正确安装成形刀具,保证合理的径向前角
	使用靠模加工时由于靠模制造精度、缺陷或使用不当引起质量不合格	提高靠模制造精度或做局部修复;正确计算靠模滚轮直径;正确使用靠模,保持靠模与滚轮之间的良好接触,减少靠模磨损;及时更换相关零部件
	铣刀圆弧半径大于工件圆弧半径、铣刀安装有误	正确选择和安装铣刀
	因数控程序错误或刀具磨损导致轮廓度超差	复查数控程序;减少刀具磨损;及时更换刀具
	成形刀或砂轮轮廓形状磨损	修复成形刀具或砂轮轮廓形状;正确选择砂轮

1.4.3 位置精度控制措施

位置精度质量问题分析与控制措施见表 1-3。

表 1-3 位置精度控制

项目	质量不合格原因	控制措施
平行度	工件定位时定位基面有毛刺或损伤,定位副间有异物	仔细检查定位副,清理工件毛刺
	定位元件磨损不均匀	更换定位元件或改进夹具结构
	机用虎钳固定钳口工作面与机床工作台不垂直	修磨调整固定钳口工作面或钳口安装面

续表

项目	质量不合格原因	控制措施
平行度	机用虎钳导轨面与机床工作台不平行	拆卸、清洗、重新装配、检查并调整虎钳
	设计基准与定位基准不重合且误差较大	使基准重合或提高设计基准与定位基准之间的位置精度
	切削力过大,使定位副脱离接触	减小切削力,设计夹具时应使三力(重力、夹紧力、切削力)同向
	镗孔时,孔的轴线与设计基准不平行	提高镗套同轴度;镗模支架孔座采用配镗;尽量用较粗的镗杆;缩短镗杆悬臂长度;减小切削用量;使用较大主偏角镗刀
	平面磨削时精磨余量大,砂轮钝化	尽量减小精磨余量;保持砂轮锋利,增加轴向走刀次数直至无火花
	按划线找正时,划线和找正精度不高造成平行度超差	提高划线和找正精度
垂直度	机用虎钳固定钳口与机床工作台不垂直	修磨固定钳口或钳口安装面
	工件定位时定位基面有毛刺或损伤、定位副间有异物	仔细检查定位副,清理毛刺
	周铣时铣刀外圆有锥度	重磨或更换铣刀;改用端铣
	横向铣削时,主轴轴线与横向走刀不垂直	调整铣床主轴或改变走刀方向
	精加工大平面时刀具磨损	改善刀具结构;减小切削用量;选择适合的切削液以减少刀具磨损
	按划线找正时,划线或找正精度低	提高划线、找正精度
	铣削时立柱导轨与工件安装基面不垂直	检查铣床立柱、校正机床、检查工件定位是否可靠
对称度	铣沟槽时对刀不准确	准确对刀或使用专用对刀工具;试切获得准确尺寸
	铣沟槽时走刀方向与测量基准不平行	校正测量基准使其与走刀方向平行;用测量基准做定位基准
	批量生产使用调整法加工零件时,定位尺寸公差大于对称度公差	改用试切法;使用自动定心方法装夹工件
	加工过程中产生让刀	重磨或更换刀具;改善刀具几何参数;减小切削用量

项目	质量不合格原因	控制措施
位置度	钻头刃磨质量差;横刃过长、两主切削刃不对称	修磨钻头主切削刃和横刃
	镗孔时镗杆挠度过大	减小切削用量;增大镗刀主偏角;减小镗杆悬伸长度或缩短镗杆支承距离
	镗杆与镗套、钻头与钻套的配合间隙偏大	提高配合精度;及时更换镗套和钻套,以减小配合间隙
	划线钻孔时划线和找正精度低	提高划线和找正精度
	浮动镗时前道工序的位置度超差	提高上一道工序的位置精度
	镗孔时因多次装夹、基准转换引起装夹误差	减少装夹次数;尽量使基准重合;尽量使相关的工序内容集中
同轴度	轴类零件顶尖孔不同轴	修磨或重打中心孔
	调头加工零件时定位精度低	尽量不调头或提高调头定位精度
	铰孔或浮动镗时前道工序同轴度超差	提高上道工序同轴度
	镗床夹具镗套轴线之间的同轴度超差	提高夹具精度;采用配镗、就地加工等方法提高位置精度
跳动	顶尖跳动超差	修磨顶尖或使用死顶尖
	机床主轴轴向窜动	调整或更换止推轴承
	切削加工时刀具或磨具在工件端面上停留的时间过短,造成不完全切削	延长刀具或与工件的接触时间,以充分切除金属,使端面平整
	端面与内外圆柱表面未能一次装夹加工	尽量一次装夹加工,如采用镗孔车端面一次完成,减少装夹次数
	在万能外圆磨床上靠磨工件端面时,砂轮侧面与工件轴线不垂直	修磨砂轮侧面,端面较大时改用端面外圆磨床加工

1.4.4　表面粗糙度质量控制措施

表面粗糙度质量问题分析与控制措施见表 1-4。

表 1-4　表面粗糙度控制

项目	质量不合格原因	控 制 措 施
刀具	主副偏角过大	减小主副偏角
	刀尖圆弧半径过小	加大刀尖圆弧半径
	修光刃不平直	重磨修光刃
	采用了负刃倾角刀具,使切屑划伤已加工表面	采用正刃倾角或零度刃倾角的刀具
	铣刀或铰刀刀刃有缺陷	修磨、更换铣刀或铰刀
	刀具切削部分表面粗糙度数值偏高	提高刀具刃磨质量
	刀具磨损严重	重磨或更换刀具
	刀杆刚度差或伸出过长引起振动	增加刀杆刚度,减小刀杆伸出长度
	刀具后角过大引起振动	减小刀具后角或使用负后角刀具
	砂轮钝化或粒度号偏小	修整砂轮,选择粒度号较大的砂轮
切削用量	进给量过大或与刀具参数不匹配	减小进给量,改进刀具几何参数
	背吃刀量过大或刀具参数不匹配	减小背吃刀量,改进刀具几何参数
	切削速度与背吃刀量、进给量不匹配	调整切削用量的配搭关系
	产生了积屑瘤	避免使用中等切削速度;加强润滑,以消除积屑瘤
机床	机床刚度差,引起振动	调整、清洗机床刀架及拖板,增大机床刚度
	两顶尖装夹工件时,顶尖或尾架主轴伸出过长,产生振动	减少顶尖和尾架伸出量
	加工刚度差的工件产生振动	增加工艺系统刚度,使用中心架或跟刀架
	回转部件不平衡造成振动	降低转速、校正平衡
工件	工件材质过硬或过软	在许可的情况下改善工件材料的力学性能
	工件韧度过大不易断屑,致使切屑划伤工件已加工表面	在许可的情况下改善工件材料的力学性能;增强刀具的断屑能力
	工件材质不均或有铸造缺陷	选用符合质量标准的材料
	磨削有色金属时砂轮被堵塞	采用高速精车或高速精铣有色金属

项目	质量不合格原因	控制措施
其他	加工时润滑不良	选用润滑性能较好的切削液
	使用夹具时定位副接触面积过小产生振动	增大定位副接触面积,以增大接触刚度
	夹具缺少辅助支承,产生振动	增加辅助支承
	使用跟刀架时,支承面划伤工件已加工表面	改滑动摩擦为滚动摩擦;降低支承爪接触面的表面粗糙度;提供良好的润滑条件;支承不宜过紧

1.4.5 表面质量控制措施

积屑瘤、鳞刺、表面硬化和应力状态质量问题分析与控制措施见表 1-5。

表 1-5 积屑瘤、鳞刺、表面硬化和应力状态控制

项目	质量不合格原因	控制措施
刀具	刀具前、后角偏小,挤压严重	加大刀具前、后角,使刀具锋利
	刀具负倒棱过大,切削阻力大	减小负倒棱,使切削轻快
	刀具前刀面表面粗糙度过大,摩擦阻力大	降低刀具前刀面表面粗糙度数值
	选择刀具材料有误	正确选择刀具材料
	由于刀具几何参数不合理导致切削热大量产生,使切削温度升高	选择摩擦因数小的刀具材料和加大刀具前角
	磨硬度较高的材料时选用了较硬的砂轮,造成表面烧伤	磨硬材料时用软砂轮,磨软材料时用硬砂轮
切削用量	切削碳钢时,中等切削速度(80 m/min 左右)下易产生积屑瘤	避开中等切削速度
	过低的切削速度导致切削变形加剧,功率消耗增多,切削温度上升,从而产生较大残余应力	适当提高切削速度、加大进给速度,以缓解切削变形
	进给速度过小,加剧后刀面与工件已加工表面的摩擦,从而加剧加工硬化,使加工表面粗糙度上升	精加工时可以加大刀具的后角,只需在后刀面上磨出较窄的倒棱,以熨平已加工表面并减小加工硬化程度
	过小的背吃刀量会使刀具瞬时离开工件加工表面,使表面粗糙度上升	确定合理的背吃刀量;选用振动较小的机床
	磨削加工中过小的进给速度会导致工件与砂轮的摩擦加剧,导致表面烧伤和残余应力	适当加大进给速度,并使用较软的和树脂结合剂的砂轮

续表

项目	质量不合格原因	控 制 措 施
工件	塑性较好的材料易生成积屑瘤和鳞刺	在许可的情况下改变材料的力学性能（如正火处理等）
	有些合金材料加工硬化特别严重	减少走刀次数,避免多次走刀
其他	切削过程中切削液使用不当	根据要解决的主要矛盾,合理选用切削液
	粗、精加工未能分开	粗、精加工分开,使应力得以恢复,或增加恰当的热处理工序

思 考 题

1. 机械制造业生产的主要特点有哪些?
2. 制造生产中为保证制造质量应控制哪些内容?
3. 什么是柔性制造技术?
4. 零件的加工质量是指什么?
5. 造成加工误差的因素有哪些?

第 2 章　零件毛坯生产车间实习

2.1　概述

制造机器零件,必须先制备毛坯。毛坯是指根据机器零件所要求的工艺尺寸、形状而制作的坯料,供进一步加工使用,以获得成品零件。在机械制造工厂中,常用的毛坯除型材外,绝大部分都是采用铸造、锻压、焊接等工艺方法分别生产的铸件、锻件、冲压件和焊接件。正确选择毛坯的类型和成形方法对于机械制造具有重要意义。毛坯成形对后续切削加工,对零件乃至产品的质量、使用性能、生产周期和成本等都有影响。

2.1.1　毛坯的类型、特点

机械零件的常用毛坯包括铸件、锻件、型材、焊接件、冲压件、挤压件、粉末冶金件和注射成形件。

1. 铸件

形状较复杂的零件毛坯宜采用铸造方法制造。目前生产中的铸件大多数采用砂型铸造,少数尺寸较小的优质铸件可采用特种铸造,如金属型铸造、熔模铸造和压力铸造等。

2. 锻件

锻件适用于强度要求较高、形状比较简单的零件毛坯。锻造方法有自由锻和模锻两种。自由锻的加工余量大、锻件精度低、生产率不高,适用于单件小批量生产以及大型零件毛坯制造;模锻加工余量小、锻件精度高、生产率高,适用于中小型零件毛坯的大批量生产。

3. 型材

型材有热轧和冷拉型材两种。热轧型材的精度较低,适用于一般零件的毛坯;冷拉型材的精度较高,适用于对毛坯精度要求较高的中小型零件的毛坯制造,可用于自动机床加工。

4. 焊接件

焊接件是根据需要用焊接的方法将同类材料或不同的材料焊接在一起而成的毛坯件。焊接件制造简单,生产周期短,但变形较大,需经时效处理后才能进行机械加工。焊接方法适用于大型毛坯、结构复杂的毛坯制造。

5. 冷冲压件

冷冲压件适用于形状复杂的板料零件。

2.1.2　毛坯对切削加工的影响

1. 毛坯与切削加工量

零件的切削加工量与毛坯的精度有关,而毛坯精度在很大程度上取决于毛坯种类及其成形方法。如果选用型材作为零件毛坯,则应使型材形状和大小尽可能接近成品零件,设计时应对决定型材规格型号的零件尺寸慎重考虑。生产中也要避免大材小用的现象,以免增加切削加工量。

2. 毛坯与加工质量、加工效率

对毛坯应考虑以下几个方面：

(1) 应有合理的粗加工基准面和夹紧部位；

(2) 加工余量应均匀；

(3) 材质均匀，组织细密；

(4) 毛坯内部缺陷不超过零件图样规定的技术要求；

(5) 消除残余应力；

(6) 具有必要的尺寸稳定性；

(7) 表面应光洁平整，无飞边、毛刺、黏砂和冷硬层等缺陷。

2.2　锻造

锻造是指利用锻压机械对金属坯料施加压力，使其产生塑性变形，以获得具有一定力学性能、一定形状和尺寸的锻件的加工方法。它是生产重要机械零件毛坯的主要方法。根据锻造加工时金属材料所处温度状态的不同，锻造又可分为热锻、温锻和冷锻。本节所说锻造是指热锻，即使被加工的金属材料处在红热状态（锻造温度范围内），通过锻造设备对金属施加的冲击力或静压力，使金属产生塑性变形，获得预想的外形尺寸和组织结构的锻件。按照成形方法，锻造分自由锻造和模锻。

锻造车间主要使用的设备有锻锤、压力机（水压机或曲柄压力机）、加热炉等。模锻时还需要有多套模具以便成形。由于热锻生产振动大、噪声高，生产后的产品余热高，工作环境较差，因此，实习中要特别注意安全，以防发生各种事故，尤其是人身伤害事故的发生。

2.2.1　锻造车间的特点

从安全技术劳动保护的角度来看，锻造车间的特点如下。

(1) 锻造生产是在金属灼热的状态下进行的（如低碳钢锻造温度范围在 750～1 250 ℃之间），由于有大量的手工劳动，稍不小心就可能发生灼伤。

(2) 锻造车间里的加热炉和灼热的钢锭、毛坯及锻件不断地发散出大量的辐射热（锻件在锻压终了时，仍然具有相当高的温度），工人经常受到热辐射的侵害。

(3) 锻造车间的加热炉在燃烧过程中产生的烟尘排入车间的空气中，不但影响卫生，还会降低车间内的能见度（对燃烧固体燃料的加热炉而言，情况更为严重）。

(4) 锻造生产所使用的设备如空气锤、蒸汽锤、摩擦压力机等，工作时发出的都是冲击力。设备在承受这种冲击载荷时，容易突然损坏（如锻锤活塞杆突然折断）而造成严重的伤害事故。压力机（如水压机、曲柄热模锻压力机、平锻机、精压机、剪床等）在工作时，冲击性虽然较小，但设备的突然损坏等情况也时有发生，操作者往往猝不及防，也有可能导致工伤事故。

(5) 锻造设备在工作中的作用力是很大的，如曲柄压力机、拉伸锻压机和水压机这类锻压设备，它们的工作条件虽较平稳，但其工作部件所发出的力量却非常大，如 12 000 t 的锻造水压机。就是常见的 100～150 t 的压力机，所发出的力量也已经很大，模锻时若模具安装调整或操作时稍有偏移，大部分的作用力将作用在模子、工具或设备本身的部件上，而没作用在工件上,这就可能引起机件的损坏以及其他严重的设备或人身事故。

(6) 锻造使用的工具和辅助工具比较多,长度比较长,存放杂乱。在工作中,工具更换非常频繁,若操作空间不够,往往易造成工伤事故。

(7) 锻造车间设备在运行中发生的噪声和震动,使工作环境嘈杂,人的听觉和神经系统受到影响,注意力被分散,因而增加了发生事故的可能性。

(8) 锻造车间一般按生产工艺流程布置设备,图 2-1 为某锻造车间的设备布置简图。

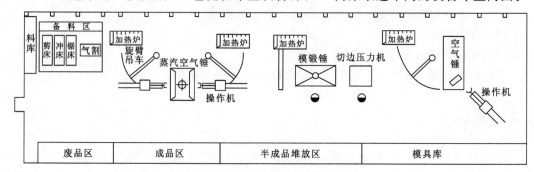

图 2-1 某锻造车间的设备布置简图

2.2.2 锻造使用的设备、模具、工装

1. 空气锤

空气锤是利用电动机直接驱动,以空气为传动介质的锻造设备,空气锤构造如图 2-2 所示。它有压缩气缸 10 和工作气缸 9,电动机 12 通过减速器 11 和曲柄连杆机构 13 来驱动压

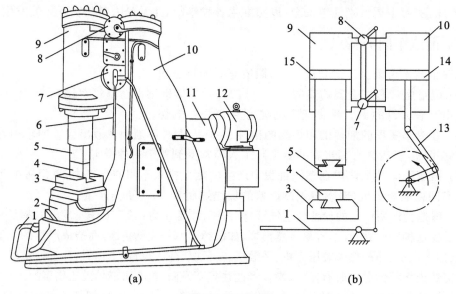

(a)   (b)

图 2-2 空气锤

(a)外观图;(b)传动示意图

1—踏杆;2—砧座;3—砧垫;4—下抵铁;5—上抵铁;6—手柄;7—下旋气阀;8—上旋气阀;

9—工作气缸;10—压缩气缸;11—减速器;12—电动机;13—连杆机构;14、15—活塞

缩气缸内的活塞 14,活塞上下运动以压缩气缸中的空气。在两气缸的连接处有上、下两个旋转气阀 8 和 7,活塞上下运动时,压缩空气通过气阀交替进入工作气缸 9 的上部和下部,使工作气缸内的活塞 15 连同锤杆和上抵铁 5 一起作上下运动,实现对金属坯料的连续打击。

为了满足锻造的需要,通过踏杆 1 和手柄 6 控制空气锤上两气阀的位置,可使锤头完成上悬连续打击、单次打击和下压等动作。

空气锤结构小、打击速度快,有利于小件一次加热打成。空气锤的吨位是以其落下部分质量来表示的,最小的为 65 kg,最大的达 1 000 kg。国产空气锤的主要技术规格如表 2-1 所示。空气锤操作灵活方便,可进行自由锻造,也可以进行胎膜锻造。但其功率不大,适用于小型锻件生产,在中小型机械厂和修配厂的锻工车间被广泛应用。

表 2-1　国产空气锤的主要技术规格

型　号	C41-65	C41-75	C41-150	C41-200	C41-400	C41-560	C41-750
落下部分质量/kg	65	75	150	200	400	560	750
锤击次数/(次/min)	200	210	180	150	120	120	105
锤击能量/kJ	0.9	2.5	2.5	4.0	9.5	13.7	19.0

2. 蒸汽-空气锤

蒸汽-空气锤是利用一定压力的蒸汽或压缩空气带动锤头工作的。图 2-3 所示为双柱拱式蒸汽-空气锤。它主要由工作气缸 3、落下部分 2(活塞、锤杆、锤头和上抵铁)、装有锤头导轨的左右机架 1、砧座(下抵铁)5 及操作手柄 4 等组成。

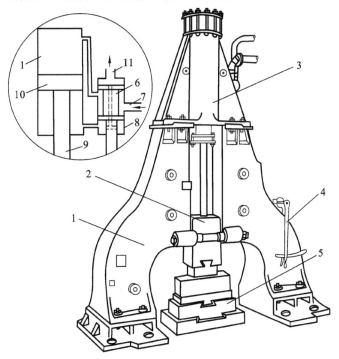

图 2-3　双柱拱式蒸汽-空气锤

1—机架;2—落下部分;3—工作气缸;4—操作手柄;5—砧座(下抵铁);6—滑阀;
7—进气管;8—阀体;9—锤杆;10—活塞;11—排气管

蒸汽-空气锤的工作原理如图 2-3 左上部分所示。当滑阀 6 处在图示位置时,蒸汽沿进气管 7 经滑阀外围道进入气缸 3 的上部,迫使活塞 10 连同锤杆 9 和锤头下行进行锤击,气缸下部的废气则通过滑阀的中心孔沿排气管 11 排出。当滑阀移至下端时,滑阀的外围通道将进气管与气缸下部连通。蒸汽推动活塞上行,上部废气直接经排气管排出。

蒸汽-空气锤的刚度较好,是锻造车间普遍使用的锻造设备。它是以 0.6~0.9 MPa 的蒸汽或压缩空气为动力,通过操纵杆手柄操作气阀来控制高压气体进入气缸的方向和进气量,来实现悬锤、压紧、单打或不同能量连打等动作的。

表 2-2 所列系我国蒸汽-空气锤的主要技术规格。蒸汽-空气锤需要配有蒸汽锅炉或空气压缩机辅助设备,由于蒸汽-空气锤比空气锤少一个压缩空气缸,故锤体本身较空气锤简单。若工作地点附近有空气压缩站或蒸汽供应站则比较经济实用。

蒸汽-空气锤适宜以压力为 0.4~0.9 MPa 的蒸汽(或压缩空气)作为动力,吨位为 1~5 t,适用于中小型锻件的生产。

表 2-2　蒸汽-空气锤技术规格

结构形式	单柱式	双柱式	单柱式	双柱式	双柱式	双柱式
落下部分质量/kg	630	1 000	2 000	2 000	3 000	5 000
锤击次数/(次/min)	110	100	90	85	85	90
锤击能量/kJ	—	35.3	—	70	152	—

3. 水压机

水压机结构如图 2-4 所示。工作时高压水沿上部管道进入工作缸内,迫使工作柱塞 2 连同活动横梁 4 沿立柱 5 下行,上抵铁 8 固定在活动横梁上,下抵铁 7 固定在底座 6(下横梁)上。回程时,高压水沿右边管道进入回程缸 9 将回程柱塞 10 顶起,通过横梁 11、拉杆 12 带动活动横梁上升,完成一次工作循环。

水压机需要一套供水系统和操作系统组成一个联合机组。高压水的压力可达 20~35 MPa,其工作总压力通常为 6 000~150 000 kN。

2.2.3　锻造加工工艺过程

锻造加工分自由锻造和模锻。自由锻造在成形时,金属的流动在与作用力垂直的方向上不受限制,或不完全受限制,不需要专用模具,锻件的尺寸和质(重)量大小不受限制,但不能锻出形状复杂、精度高的锻件,适用于单件、小批量生产,新产品研制及大型锻件生产。模锻则需要专用模具在模锻锤或压力机上进行。成形时,金属材料在锻模的模膛内变形,材料流动受到模膛的限制。可锻出形状复杂和精度高的锻件,材料利用率和生产效率都较高,锻件性能和质量较稳定,经济性好,但需专门的模具,锻件的尺寸和质量大小有一定限制。模锻适用于大批量生产,常用于中小型锻件加工。

1. 自由锻造工艺

自由锻的工序可分为基本工序、辅助工序、修整工序。

1) 基本工序

基本工序是指使坯料发生较大变形,获得一定形状、尺寸和性能的变形工序,如镦粗、拔

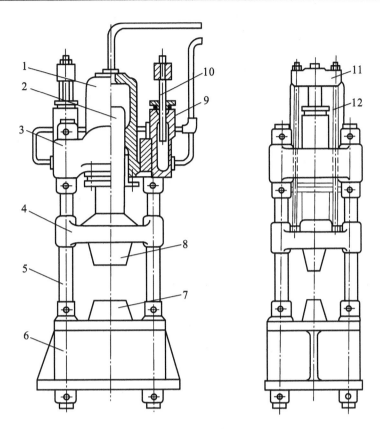

图 2-4　水压机

1—工作缸；2—工作柱塞；3—上横梁；4—活动横梁；5—立柱；6—底座；7—下抵铁；
8—上抵铁；9—回程缸；10—回程柱塞；11—横梁；12—拉杆

长、冲孔、扩孔、弯曲、扭转、错移、切割、锻焊等工序。

2）辅助工序

辅助工序是指为完成基本工序，而使坯料预先产生某些变形的工序，如钢锭预压钳把、倒棱、开坯、分段压痕、压肩等工序。

3）修整工序

修整工序是指为达到锻件图的要求，用于最后精整锻件形状和尺寸的工序或纠正不需要的变形的工序，如平整端面、校正弯曲、清除毛刺、鼓形滚圆等工序。

在任何一个自由锻件的成形过程中，上述三类工序中的各工序均可以按需要单独使用或穿插组合。

各种自由锻工序简图如图 2-5 所示。

4）镦粗

镦粗是使坯料高度减小，横鼓而体积增大的变形工序。它是锻造工序中最主要的工序，也是许多其他锻造变形工序的基础。镦粗的基本方法有完全镦粗、局部镦粗两种，分别如图 2-6、图 2-7 所示。

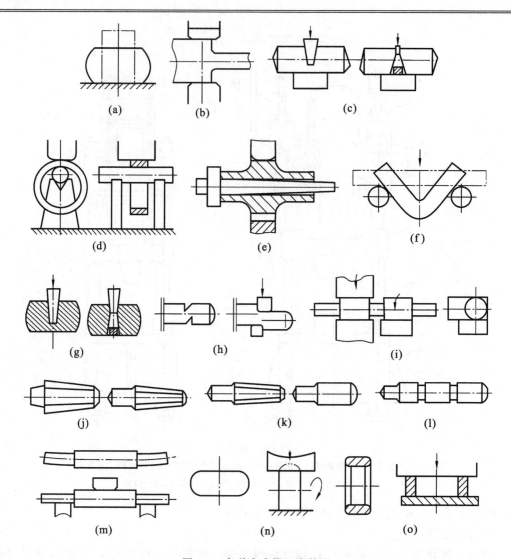

图 2-5　各种自由锻工序简图

(a) 镦粗；(b) 拔长；(c) 切割；(d) 芯轴扩孔；(e) 芯轴拔长；(f) 弯曲；(g) 冲孔；
(h) 错移；(i) 扭转；(j) 压钳把；(k) 倒棱；(l) 压痕；(m) 校正；(n) 滚圆；(o) 平整

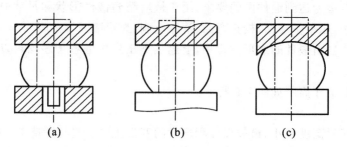

图 2-6　完全镦粗

(a) 带钳把镦粗；(b) 平砧墩粗；(c) 上球面板镦粗

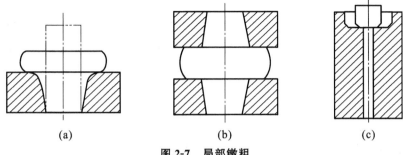

图 2-7　局部镦粗

（a）漏盘内端部镦粗；（b）上下漏盘中间镦粗；（c）胎模内端部镦粗

　　局部镦粗只是在坯料的局部长度（端部或中间）进行镦粗，利用这种镦粗方法可以锻造凸肩直径和高度较大的饼块类锻件，也可以锻造端部带有较大法兰的轴杆类锻件。对于头部较大而杆部较细的锻件，只能采用大于杆部直径的坯料。锻造时先拔杆部，然后再镦粗头部；或者先局部镦粗头部，再拔长杆部，如图 2-8 所示。

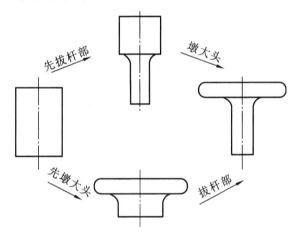

图 2-8　大头细杆类锻件的局部墩粗

5）拔长

　　拔长是使坯料横截面面积（全部或部分）减小、长度增加的变形工序。通过逐次送进和反复转动坯料，进行压缩变形，相当于一系列局部镦粗的组合。拔长有实心坯料拔长和空心坯料拔长两种。实心坯料拔长时根据使用的砧子可将拔长分为平砧拔长和型砧拔长，如图 2-9 所示。

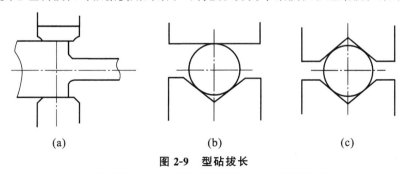

图 2-9　型砧拔长

（a）平砧拔长；（b）上平下型砧拔长；（c）上、下型砧拔长

6）冲孔

冲孔是用冲子在坯料冲出通孔或不通孔的锻造工序。冲孔主要用于制造带孔工件,如齿轮坯、圆环、套筒等。根据冲孔所用的冲子的形状不同,冲孔可分为实心冲子冲孔和空心冲子冲孔;实心冲子冲孔又可分为单面冲孔和双面冲孔。如图 2-10 所示。

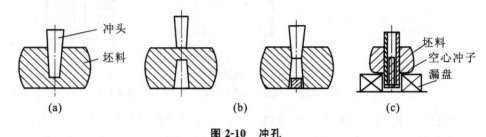

图 2-10　冲孔

(a) 单面冲孔；(b) 两面冲孔；(c) 空心冲子冲孔

7）错移

错移是将毛坯的一部分相对另一部分上、下错开,但仍保持这两部分轴线平行的锻造工序。错移常用来锻造曲轴。错移前,对毛坯须先完成压肩等辅助工序,如图 2-11 所示。

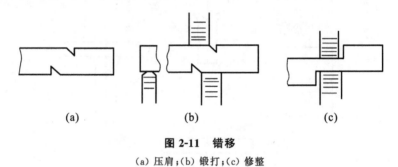

图 2-11　错移

(a) 压肩；(b) 锻打；(c) 修整

8）切割

切割是使坯料分开的工序,如切去料头、下料和切割成一定形状等。用手工切割小毛坯时,把工件放在砧面上,錾子垂直于工件轴线,边錾边旋转工件,当快切断时,将切口稍移至砧边处,轻轻将工件切断。

9）弯曲

弯曲是使坯料弯成一定角度或形状的锻造工序。弯曲用于锻造吊钩、链环、弯板等锻件。

10）扭转

扭转是将毛坯的一部分相对于另一部分绕其轴线旋转一定角度的锻造工序。锻造多拐曲轴、连杆、麻花钻头等锻件和校直锻件时常用这种工序。

11）锻接

锻接是将两段或几段坯料加热后,用锻造的方法连接成牢固整体的一种锻造工序,又称锻焊。

各类锻件的锻造工艺由于锻件的外形不同而不同。

2. 自由锻件

自由锻件可分饼块类、空心类、轴杆类、弯曲类、曲轴类和复杂形状类六类,分别如图 2-12(a)～(f)所示。锻件常用的锻造工序如表 2-3 所示。

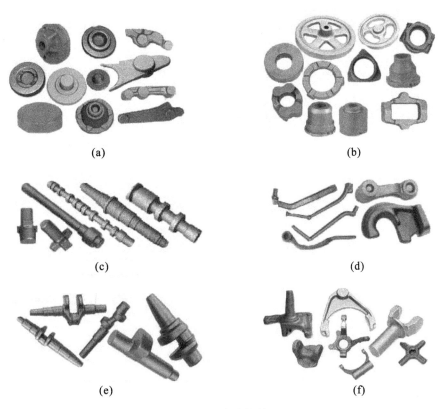

(a)

(b)

(c)

(d)

(e)

(f)

图 2-12　各类锻件

(a) 饼块类锻件;(b) 空心类锻件;(c) 轴杆类锻件;(d) 弯曲类锻件;(e) 曲轴类锻件;(f) 复杂类锻件

表 2-3　常见自由锻件所需锻造工序

锻件类别	锻造工序过程
饼块类锻件	镦粗(或拔长、镦粗),冲孔
轴杆类锻件	拔长(或镦粗、拔长),切肩和锻台阶
空心类锻件	镦粗(或拔长、镦粗),冲孔,在芯轴上拔长
曲轴类锻件	拔长(或镦粗、拔长),错移和锻台阶,扭转
弯曲类锻件	拔长,弯曲

3. 模锻工艺

从原材料到锻件的整个模锻生产过程可分为五道工序。

(1) 下料　下料是按需要的长度切断坯料,为变形前的准备工序,多在专门的下料车间或工段进行,也有锻工自己下料的。

（2）加热　加热能改变材料的性能，使其变形抗力降低、塑性提高，便于使坯料发生塑性变形。

（3）锻造　锻造是模锻生产的主体，解决坯料的成形与力学性能的改变，而模锻生产是以成形为主。

（4）后续处理　后续处理包括从终锻之后到获得合格锻件之前的各个工序，如切边、冲孔、校正、精压、冷却、热处理、清理等。

（5）检验　由专门的检验人员按图样要求对锻件进行各项检验。通过检验，合格品入库，返修品退还锻工返修，废品报废。

我国目前的模锻生产中以锤上模锻为主，主要适用于中小型较复杂形状锻件的成批、大量生产。

图 2-13 为弯曲连杆的锤上模锻过程。

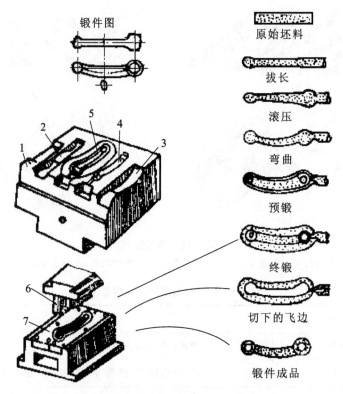

图 2-13　弯曲连杆的锤上模锻过程
1—拔长模膛；2—滚压模膛；3—弯曲模膛内；4—预锻模膛；
5—终锻模膛；6—切边凸模；7—切边凹模

由图 2-13 可知，加热好的坯料，在拔长模膛内进行拔长，在滚压模膛内进行滚压，在弯曲模膛内进行弯曲，在预锻模膛内进行预锻，在终锻模膛内进行终锻后，获得一个带有飞边的锻件，最后在切边压力机上的切边模内进行切边，获得锻件。由上述模锻过程可知，模锻时坯料是在不同的模膛内逐步发生变形的，生产中把在不同位置模膛内的变形称为变形工步，可见原坯料是经几个变形工步后才成为锻件的。

4. 锻件的自由锻造工艺规程举例

1) 齿轮零件毛坯自由锻工艺过程

齿轮零件毛坯自由锻工艺过程见表 2-4。

表 2-4　齿轮零件毛坯自由锻工艺过程

锻件名称	齿轮坯 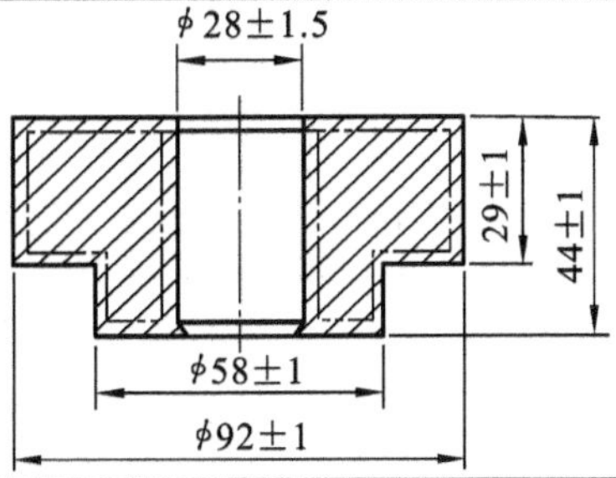
锻件材料	45 钢
毛坯质量	19.5 kg
锻件质量	9 kg
毛坯尺寸	ϕ50 mm×125 mm
每坯锻件数	1

火次	温度	工序名称	变形过程图	设备	工具	操作工艺
1	始锻温度 1 200 ℃ 终锻温度 850 ℃	镦粗	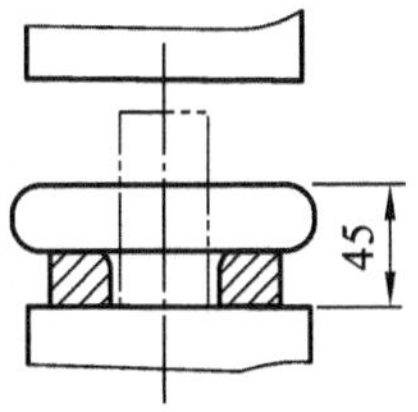	0.65 kN 自由锻	火钳 镦粗漏盘	控制镦粗后的高度为镦粗漏盘的高度＋45 mm
2	始锻温度 1 200 ℃ 终锻温度 850 ℃	冲孔	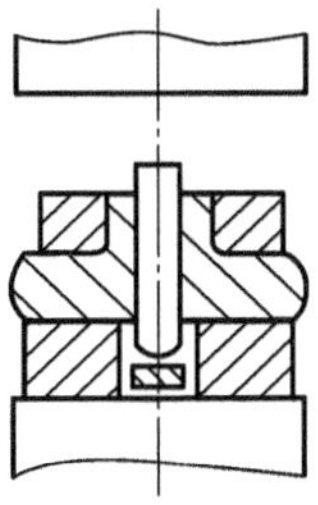	0.65 kN 自由锻	火钳 镦粗漏盘 冲子 冲子漏盘	1. 注意冲子对中 2. 采用双面冲孔,图中为工件翻转后将孔冲透的情况
3	始锻温度 1 200 ℃ 终锻温度 850 ℃	修正外圆	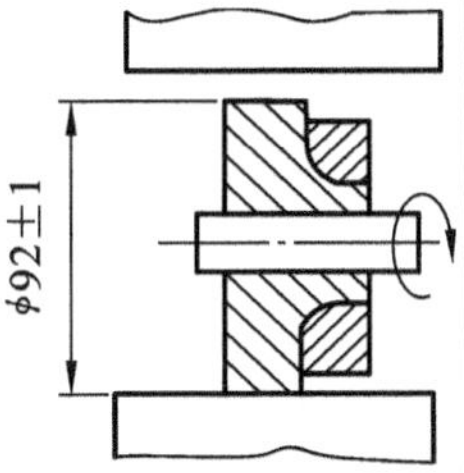	0.65 kN 自由锻	火钳 冲子	边轻打边旋转锻件,使消除外圆鼓形,并达到ϕ(92±1) mm
4	始锻温度 1 200 ℃ 终锻温度 850 ℃	修整平面	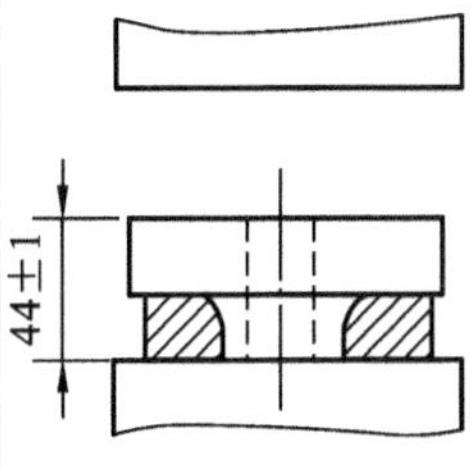	0.65 kN 自由锻	火钳	轻打(如端面不平还要边打边转动锻件),使锻件厚度达到(44±1) mm

2）齿轮轴零件毛坯自由锻工艺过程

图 2-14 所示为齿轮轴零件图。齿轮轴零件毛坯自由锻工艺过程如表 2-5 所示。

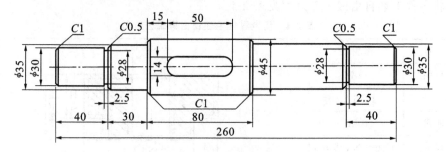

图 2-14 齿轮轴零件图

表 2-5 齿轮轴零件毛坯自由锻工艺过程

锻件名称	齿轮轴毛坯	锻 件 图	坯 料 图
锻件材料	45 钢		
工艺类型	自由锻		
设 备	75 kg 空气锤		
加热次数	2 次		
锻造温度范围	800～1 200 ℃		

序号	工序名称	变形过程图	工 具	操作工艺
1	压肩		圆口钳、压肩摔子	边轻打,边旋转锻件
2	拔长		圆口钳	将压肩一端拔长至直径不小于 $\phi 40$ mm
3	摔圆		圆口钳、摔圆摔子	将拔长部分摔圆至 $\phi(40\pm1)$ mm

续表

序号	工序名称	变形过程图	工具	操作工艺
4	压肩	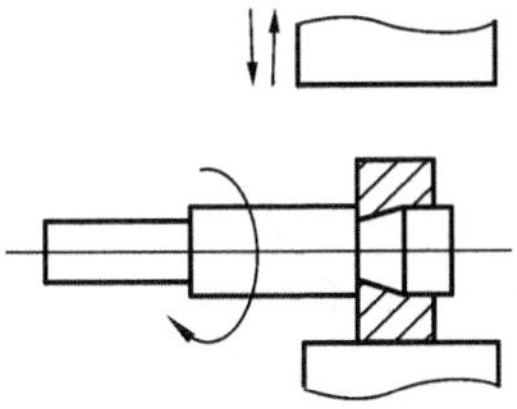	圆口钳、压肩摔子	截出中段长 88 mm 后,将另一端压肩
5	拔长	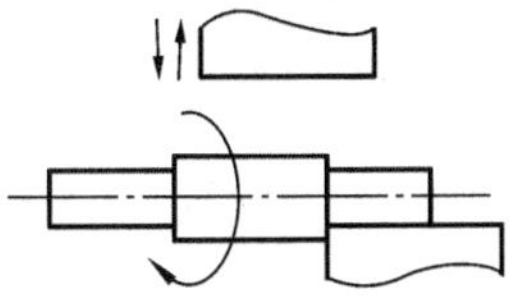	尖口钳	将压肩一端拔长至直径不小于 $\phi 40$ mm
6	摔圆修整	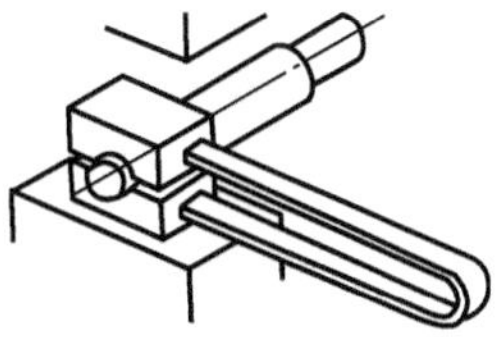	圆口钳、摔圆摔子	将拔长部分摔圆至 $\phi(40\pm 1)$ mm

2.2.4　锻造工艺文件

锻造工艺文件是指锻造工艺规程,它是锻工车间指导生产的技术文献,既是锻工车间组织生产的依据,又是锻件质量检验的依据。锻造工艺规程是以卡片的形式表示,如表 2-4 所示,又称为锻造工艺卡。

锻造工艺文件主要包含锻件图、锻造工序、所用的工夹具、加热设备、加热和冷却规范及锻造设备。

1. 锻件图

锻件图是反映锻件形状、尺寸和技术要求的图形,是在零件图的基础上考虑加工余量、锻造公差、锻造余块、检验试样及工艺卡片等绘制而成的,是计算毛坯、设计工具和检验锻件的依据。

1)加工余量

自由锻件的精度和表面质量都不能达到零件图的要求,锻后需要进行机械加工。为此,锻件表面留有供机械加工用的金属层,即加工余量。加工余量的大小与锻件的形状和尺寸、精度和表面粗糙度要求、生产条件(如工具、辅具、设备精度和操作者技术水平)等有关,其数值可查阅锻工手册。零件的公称尺寸加上机械加工余量,称为锻件的公称尺寸。对于不加工的黑皮部分,则不需加机械加工余量。

2)锻造公差

在实际锻造生产中,由于各种因素,如锻时测量误差、终锻温度的差异、工具与设备状态和操作者技术水平等的影响,锻件的实际尺寸不可能达到锻件的公称尺寸,允许有一定限度的误差,称为锻造公差。通常,锻造公差为加工余量的 1/4~1/3。

机械加工余量和锻造公差的相互关系如图 2-15 所示。锻件的余量和公差的具体数据,可查阅有关国家标准并结合实际情况选择。

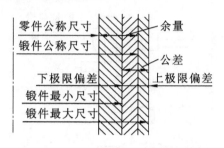

图 2-15　锻件的各种尺寸和公差余量

3）锻造余块

为了简化锻件外形或根据锻造工艺需要,在零件的某些地方添加一部分大于余量的金属,这部分附加的金属称为锻造余块,如图 2-16 所示。

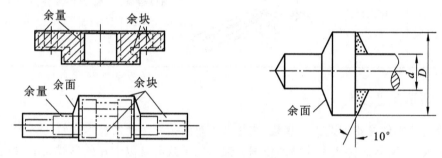

图 2-16　锻造余块

当零件相邻台阶直径相差不大时,可在直径较小部分添加径向余块。如零件的凸缘(法兰)较短时,为了防止锻造时凸缘变形,应添加轴向余块使凸缘增长。对于零件上较小的孔、窄的凹挡和难以锻造的复杂形状,可增加余块使锻件形状简化。添加余块可方便锻造成形,但会增加机械加工工时和金属材料损耗。因此,是否添加余块应根据锻造难易程度、机械加工工时、金属材料消耗、生产批量和工具制造等综合考虑确定。

对于某些重要锻件,为了检验锻件内部组织和力学性能,还需在锻件适当部位留出试样余块。试样余块位置与尺寸的确定,应能反映锻件的组织与性能。如一般取在钢锭的冒口一端,其锻造比应与所检验部分相同。

4）锻件图含义

(1) 锻件图中,粗实线表示锻件的形状,双点画线表示零件的形状。

(2) 锻件的基本尺寸和公差标注在尺寸线上面,零件的基本尺寸标注在尺寸线下面的括号内,大型锻件基本尺寸的尾数,应简化为 5 或 0。

图 2-17 为齿轮的锻件图。

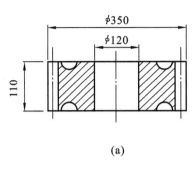

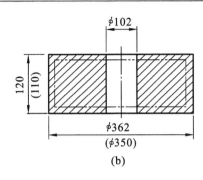

(a)　　　　　　　　　　　　　(b)

图 2-17　齿轮的锻件图

（a）齿轮零件图；（b）齿轮锻件图

2.3　铸造

2.3.1　铸造车间布置特点

铸造是将经过熔化的液态金属或合金浇注到与零件几何形状、尺寸相适应的铸型空腔中,冷却凝固后获得毛坯或零件的一种工艺方法。所获得的毛坯或零件称为铸件。铸造在机械制造中是生产毛坯的一种常用方法,应用甚广。

铸造车间在生产过程中会产生高温、高粉尘、高噪声和有害气体,劳动强度大;车间生产环境和劳动条件差;各生产工段间的生产连贯性强;车间物料周转量大,运输频繁,内部机械化运输复杂;特殊构筑物多,有各种平台、支架、地沟、地坑及管道等。因此,铸造车间布置的安全要求是多方面的,其中包括安全卫生设施、厂房内外交通、平面布置等。

铸造车间是按照生产工艺流程（见图 2-18）布置的。

图 2-19 为某厂的铸造车间平面示意图。

2.3.2　铸造工艺装备

铸造工艺装备是为实现工艺规程而设计、制造的工装、辅具。采用先进、合理的工艺装备,对保证铸件质量、提高劳动生产率、改善劳动条件及生产技术管理等都起着重要的作用,在铸造过程的机械化、自动化、批量化生产中显得更为重要。

铸造工艺装备是指完成铸造生产过程时所用的各种模具及工、夹、量具等的总称。主要包括模样、模板、芯盒、砂箱、浇冒口模、芯骨、金属型、烘芯板、定位销套、销紧卡子以及造型、下芯用的夹具、样板、模具和量具等。

铸造工艺装备名目繁多,这里仅介绍常用的模样、模板、芯盒和砂箱等工装的类别、特点、制造材料及使用时应注意的问题。

1. 模样

用木材、金属或其他材料制成的铸件原型,是铸造零件的母模,这种母模称为模样。

模样用来制作砂型型腔,并形成铸件的外表面。因此模样必须具有足够的强度、刚度以及与铸件技术条件相适应的表面粗糙度及尺寸精度,同时要使用方便、制作简便、成本低。

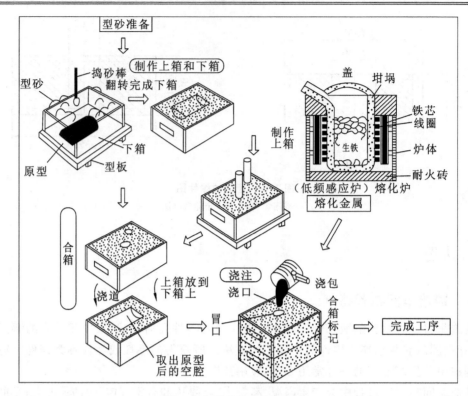

图 2-18　铸造生产工艺流程

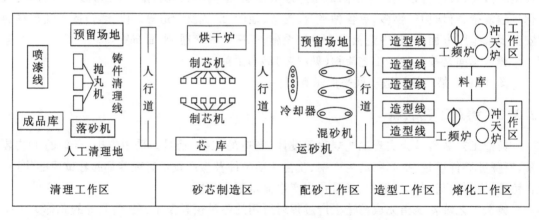

图 2-19　铸造车间平面示意图

1）木模

木模是指用木料制成的模样。它具有质轻、价廉、易于加工成形及制作周期短等优点，但强度及硬度较低，易变形、易损坏，所以一般用于单件或小批量生产中。制模用的木材要求纹理平直，硬度适中，不易开裂，吸湿性低，胀缩性小，无缺陷等。

2）金属模

金属模是指用金属制成的模样。它具有强度高、耐磨、耐用、尺寸精确、表面粗糙度低等优点。它与造型机配合使用，不仅能提高劳动生产率，而且能保证铸件的尺寸精度和表面粗糙度要求。但金属模制模周期长、成本高,常用于大批量机械化生产。制造金属模样的材料有铝合金、铜合金、灰铸铁、铸钢及钢材等。

2. 模板

将模样、浇冒口系统沿分型面与模底板连接成一个整体的模具,称为模板。造型后,模底板形成分型面,模样等形成型腔,如图 2-20 所示。

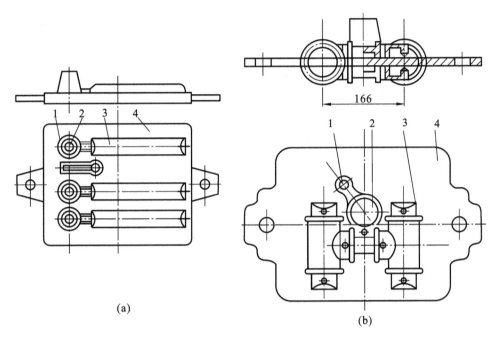

图 2-20　模板

(a) 单面模板;(b) 双面模板

1—浇注系统;2—冒口;3—模样;4—模底板

采用模板造型能够简化造型操作,保证铸件质量和提高劳动生产率。该造型方法在大批量机械化生产和大型铸件的劈箱造型中应用很广。在手工造型中,当模样强度或刚度较差时也采用模板造型。

3. 芯盒

芯盒是制造砂芯用的模具,是重要的铸造工艺装备。芯盒应满足下列要求:保证能获得形状和尺寸准确的砂芯;具有宽敞的撞砂面,便于造芯操作;内腔的工作表面光滑平整,便于取出砂芯和保证表面质量;芯盒的装配要紧固可靠,装拆方便,紧固耐用,制造简便。

1）芯盒的种类及要求

(1) 木芯盒　木芯盒用木材制成,容易加工制造,多用于单件、小批或大件生产中。在大型芯盒中,还可用菱苦土代替部分木材制造芯盒。

(2) 金属芯盒　金属芯盒用铝合金和铸铁制作。这种芯盒耐用性好,砂芯尺寸精确,在手工和机器造型中均有应用。主要用于成批和大量生产。

(3) 塑料芯盒　塑料芯盒用塑料(主要是环氧树脂)制成,可节约木材和金属。与金属芯盒相比较,塑料芯盒可节约机械加工费用。塑料芯盒的使用性能介于木质和金属芯盒之间,多用于成批生产。

2）芯盒的结构形式

从芯盒的分盒面和内腔结构来看,芯盒的结构形式可分为整体式、拆开式和脱落式三大类(见图 2-21)。

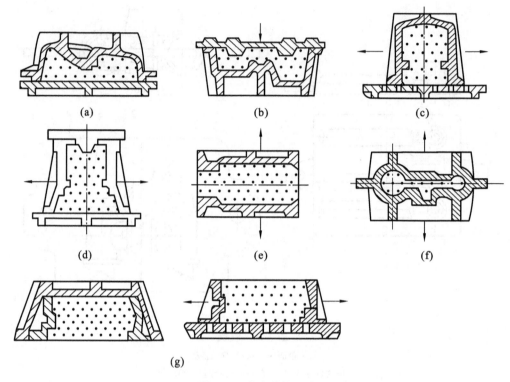

图 2-21 芯盒结构形式

(a)、(b) 整体式;(c)、(d)、(e)、(f) 拆开式;(g)脱落式

整体式芯盒结构简单,能从一个方向使砂芯出盒。这种芯盒一般用来制造形状简单、高度较低和具有较大斜度的砂芯,如图 2-21(a) 所示。

拆开式芯盒(又称两开式芯盒)是由两半或两半以上芯盒块组成。按芯盒拆开面的位置不同,又可分为水平式(见图 2-21(e)、(f))和垂直式(见图 2-21(c)、(d))两种。

脱落式芯盒(又称滑脱式芯盒)由内、外盒组成。外盒作为固定内盒的套框,内盒用来形成砂芯形状尺寸,起芯时随同砂芯一起倒出,然后从五个方向将内盒与砂芯分离,完成取芯工作。内、外盒配合面带有斜度,这种芯盒广泛地用来制造形状复杂的砂芯,如图 2-21(g)所示。

4. 砂箱

砂箱既是铸型的成形工具,又是铸型的搬运工具,是套在砂型外面便于制造和搬运砂型的金属框。

　　砂箱是铸造生产中必备的工艺装备。砂箱的结构和尺寸合理与否,对获得优质铸件、提高生产效率、减轻劳动强度有很大的影响。其结构和尺寸必须满足以下要求。

　　(1) 砂箱的内框尺寸要保证模样与砂箱壁间有合理的吃砂量;定位装置的公差应保证铸件的尺寸精度;箱壁和箱带的结构尺寸在保证强度和刚度的条件下,要有利于黏附型砂,也要便于铸件的收缩;在使用过程中砂箱的变形量要小。

　　(2) 为确保安全生产,砂箱的吊轴、吊环和紧固装置应具有足够的强度,牢固可靠。

　　(3) 在满足工艺要求的前提下,砂箱的结构要便于制造和使用。

　　(4) 砂箱规格应尽可能标准化、免系列化、通用化,以减少砂箱的总量,便于制造、使用和保管。要选用价格低廉、来源广泛、坚固耐用的材料制造砂箱,以降低成本。

　　常用砂箱形式如图 2-22 所示。

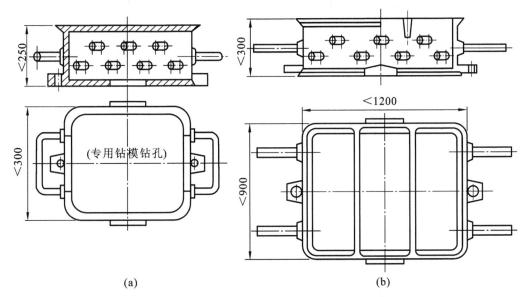

(a)　　　　　　　　　　　　　　　　　　(b)

图 2-22　常用砂箱形式

(a) 小型砂箱;(b) 中型手抬砂箱

5. 造型工具

　　常用的造型工具有筛子、铁锹、砂冲(砂舂)、气眼针(又称通气针)、刮板(刮尺)、掸笔、排笔、起模针、起模钉、钢丝钳、活动扳手、粉袋和皮老虎等。

6. 修型工具

　　常用的修型工具有镘刀(刮刀)、提勾砂钩、法兰梗(光槽镘刀)、压勺、半圆(竹片梗或平光杆)、圆头、成形镘刀、双头铜勺(秋叶)等。所选用修型工具的形状和大小,随被修砂型表面的情况而定。

7. 常用量具

　　常用造型量具有钢卷尺、铁角尺、水平仪、卡钳(包括内、外卡钳)、钢板尺和湿态砂型硬度计等。

2.3.3 铸造工艺

图 2-23 所示是隔爆型锥形转子电动机的后端盖。其铸件材质为 HT200,零件质量为 1.56 kg,轮廓尺寸为 36 mm×φ148 mm,属中小件,最小壁厚为 6 mm,采用湿砂型机器造型大批量生产。

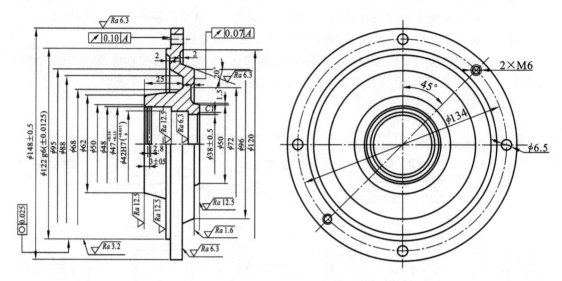

图 2-23 电动机后端盖

1) 零件的结构特点分析

需加工的表面有:

(1) φ148 mm 外圆,表面粗糙度为 Ra 6.3 μm;

(2) φ120 mm 至 φ148 mm 外圆下端面,表面粗糙度为 Ra 6.3 μm;

(3) φ122 mm 外圆,表面粗糙度为 Ra 3.2 μm;

(4) φ96 mm 外圆,表面粗糙度为 Ra 6.3 μm;

(5) φ72 mm 至 φ96 mm 外圆下端面,表面粗糙度为 Ra 1.6 μm;

(6) φ50 mm 内圆环、φ48 mm 内孔,表面粗糙度为 Ra 6.3 μm;

(7) φ47 mm、φ42H7 mm 内孔,表面粗糙度为 Ra 1.6 μm;

(8) φ47 mm 内孔端面、φ42H7 mm 内孔端面,表面粗糙度分别为 Ra 1.25 μm、Ra 6.3 μm;

(9) φ38 mm 内孔,表面粗糙度为 Ra 6.3 μm。

其余的为不加工面。设计时考虑加工余量,非加工面由铸造工艺保证表面质量。

2) 铸造工艺方案

(1) 铸造方法 采用湿砂型机器脱箱造型,热芯盒水玻璃砂射芯机制芯。

(2) 浇铸位置和分型面 分型面选择在最大截面上端面处,内浇道也从此处进入。为起模方便,大部分铸型位于下箱,有利于保证浇注质量,且也能获得质量均衡的铸件。缺点是下芯稍有不便,但影响不大。

　　(3) 型内铸件数目　由于铸件外形尺寸较小,采用一箱两件。

　　(4) 细小孔及槽的处理　经查铸造设计手册,灰铸铁件大量生产的不铸出孔的最小直径为 12~15 mm,故四个直径 6.5 mm 的孔和两个螺孔均不铸出。

　　(5) 起模斜度　除零件本身具有的斜度外,在 ϕ148 mm、ϕ122 mm 外圆处及 ϕ120 mm、ϕ72 mm 外圆下端面四处增设起模斜度。

　　(6) 型芯　根据确定的浇注位置和分型面以及铸件内腔的形状,在铸件中安放了一个砂芯,砂芯为垂直砂芯,水玻璃砂、机器造型。该砂芯有两个芯头,根据 JB/T 5106—1991《铸件模样型芯头　基本尺寸》:下芯头高 15 mm,与芯座间隙为 0.2 mm;上芯头高 8 mm,与芯座间隙为 0.15~0.40 mm;上、下芯头斜度为 10°。

　　(7) 冒口　在铸件最高处设置一个明顶冒口,顶部直径 9 mm,冒口颈直径 6 mm,高度 65 mm。

　　(8) 浇注系统　该件从分型面进行浇注,内浇道采用扁平梯形,如此可有效防止夹杂物流入铸型型腔,不易在铸件连接处产生缩松,同时便于清理。横浇道采用高梯形,直浇道为圆柱形,浇口杯采用普通漏斗形。

　　(9) 模样　① 模样采用铝合金 ZL102,自由收缩率为 1.0%;上模由于尺寸较小,采用实心;下模为空心。② 经查表得模样壁厚为 8 mm,无须设定加强肋。③ 模样在模板上定位和连接选用双面模板,故选用沉头螺钉穿过模样装配在模板上,模样与模样间也采用螺钉固定,螺钉直径为 M8 mm。

　　(10) 模板　模板选用 ZL101 做底板材料,采用双面脱箱式模板。模板尺寸和结构,根据由所选定的造型机以及砂箱最大内框尺寸(400 mm×300 mm)确定出模板尺寸为 440 mm×340 mm×12 mm;为了方便模样的安装,模样安装处镂空;另有一小部分模样直接铸在模板上。

　　(11) 芯盒　由于采用热芯盒射芯法制芯,故选用 HT200 做芯盒,采用垂直对开式芯盒。

　　详细材料和相应热处理要求见表 2-6。

表 2-6　芯盒材质

名　称	材　料	热处理要求
热芯盒主体	HT200	消除应力处理,500~550 ℃保温 4~8 h
销套定位销	45 钢	45 钢淬火,50~55 HRC
顶芯杆回位导杆	45 钢	淬火,45~50 HRC
固定板、盖板	45 钢	调质
芯棒	45 钢	

2.4 焊接

焊接是使两个分离的金属件实现永久性连接的一种加工方法。其实质是采用加热或加压力等手段,借助于金属原子间的结合和扩散作用,使分离的金属材料连接成为一个牢固整体的过程。焊接过程中加热是为了增加金属的塑性和原子扩散能力,加压则是为了使被焊接金属的连接处产生塑性变形,以增加它们的真实接触面积。塑料等非金属材料亦可进行焊接。焊接常用的技术有电弧焊、氩弧焊、CO_2 保护焊、氧气-乙炔焊、激光焊接、电渣压力焊等多种。金属焊接方法主要分为熔焊、压焊和钎焊三大类。

熔焊是在焊接过程中将工件接口加热至熔化状态,不加压力完成焊接的方法。

压焊是在加压条件下,使两工件在固态下实现原子间结合,又称固态焊接。

钎焊是使用比工件熔点低的金属材料做钎料,将工件和钎料加热到高于钎料熔点、低于工件熔点的温度,利用液态钎料润湿工件,填充接口间隙并与工件实现原子间的相互扩散,从而实现焊接的方法。

2.4.1 焊接车间布置特点

焊接生产车间是承载焊接结构件生产的主要场地。对焊接车间来说,主要的生产过程包括备料、零部件加工制作、部件装配焊接、检验试验、油漆包装以及围绕这些生产活动所开展的辅助活动。因此车间平面布置特点如下所述。

(1) 根据生产纲领和生产条件,使工艺路线尽量按焊接工艺进行。一般车间工艺路线有直线式、马蹄形、复合式三种布置形式。

(2) 合理安排封闭车间内各工段与设备的相互位置,使各类物料(指零件、部件等)的运输线最短,没有倒流现象,达到高效、快节奏的目的。

(3) 散发有害物质、产生噪声的地方和有防火要求的工段应尽量布置在靠外墙的一边,并尽可能加设隔离装置。

(4) 合理、经济地布置各工段,充分利用生产场地。

(5) 辅助部门(如办公室、材料库及工具库等)应布置在总生产流水线一边。

图 2-24 所示为两种不同类型产品的焊接工艺路线布置的车间简图。图 2-25 为某焊接生产车间图。

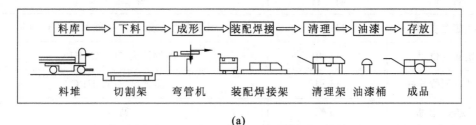

(a)

图 2-24 按焊接工艺流程布置的车间简图

(a) 按直线工艺路线布置的焊接车间简图;(b) 按马蹄形工艺路线布置的焊接车间简图

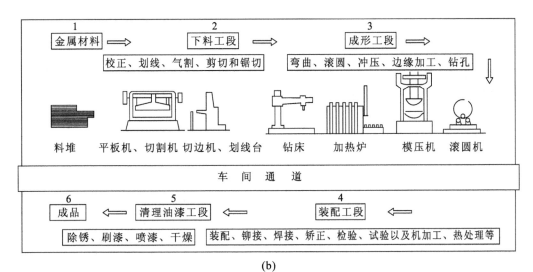

(b)

续图 2-24

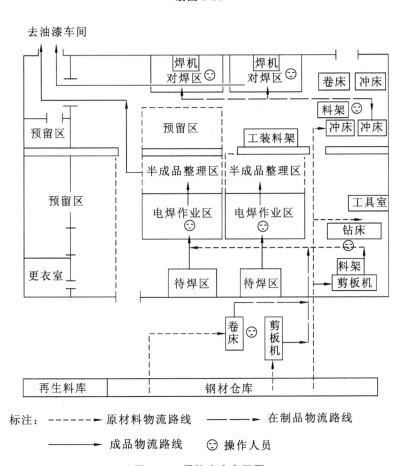

图 2-25　焊接生产车间图

2.4.2　使用的焊接设备

焊接设备根据焊接自动化程度可分为手工焊接设备和自动焊接设备。焊接设备中的焊机有：交流弧焊机、直流电焊机、气体保护焊机（氩弧焊机、二氧化碳保护焊机）、对焊机、点焊机、埋弧焊机、高频焊接机、闪光对焊机、压焊机、碰焊机、激光焊机。

1. 手工焊接设备

手工电弧焊的主要设备有弧焊机，按其供给的焊接电流种类的不同可分为交流弧焊机和直流弧焊机两类。

1）交流弧焊机

交流弧焊机供给焊接时的电流是交流电，是一种特殊的降压变压器。它具有结构简单、价格便宜、使用可靠、工作噪声小、维护方便等优点，所以焊接时常用交流弧焊机。它的主要缺点是焊接时电弧不够稳定。

2）直流电焊机

直流电机供给焊接时的电流为直流电。直流电焊机具有电弧稳定、引弧容易、焊接质量较好的优点，但是直流弧焊发电机结构复杂、噪声大、成本高、维修困难。在焊接质量要求高或焊接2 mm以下薄钢件、有色金属、铸铁和特殊钢件时，宜用直流电焊机。

手工电弧焊的工具，主要包括夹持焊条的焊钳，保护眼睛、皮肤免于灼伤的电弧手套和面罩，清除焊缝表面及渣壳的清渣锤和钢丝刷等。

2. 自动焊接设备

自动焊接设备是由电气控制系统控制，并根据需要配备送丝机、焊接摆动器、弧长跟踪器、各种回转驱动装置、工装夹具、滚轮架、焊接电源等组成的一套自动化焊接设备，包括焊接机器手、环纵缝自动焊机、变位机、焊接中心、龙门焊机等。

2.4.3　焊接工艺过程

焊接工艺过程主要根据被焊工件的材质、牌号、化学成分，焊件结构类型，焊接性能要求来确定。不同的焊接方法和焊接工艺过程不同。

下面以12Cr2Mo1R耐热钢钢板平板手工电弧焊接为例，说明焊接工艺。

1. 母材的焊接性能分析

母材为12Cr2Mo1R耐热钢钢板，其力学性能和冷弯性能如表2-7所示。

表2-7　母材力学性能和冷弯性能

拉　伸　性　能			硬　　　度			冷弯性能
σ_b/MPa	$\sigma_{0.2}$/MPa	δ_5/（%）	≤183 HBS	≤88 HRB	≤200 HV	（180°）
≥410	≥205	≥20				$d=2a$

2. 焊接设备及工具

由于本例采用手工电弧焊焊接方法，故采用的焊接设备及工具为直流弧焊机、夹持焊条的焊钳、电弧手套、面罩、清渣锤和钢丝刷。

3．焊接工艺

1）焊接工艺特点分析

由于 12CrMo1R 耐热钢及其焊接接头在 350～500 ℃温度之间会产生回火脆性,故焊后要进行热处理工艺,同时还要控制接头的冷却速度,以保证既达到回火的目的,又避免产生回火脆性。

2）焊接方案

选用手工电弧焊双面焊接,正面焊接完毕,采用弧气刨进行背面清根,再进行背面焊缝焊接。

3）焊接材料

从保证焊接接头的特殊性能出发,要求焊缝金属的化学成分与母材相同或近似。由于母材为 12CrMo1R 耐热钢钢板,因此本设计选用国产 E6015-B3 焊条;因母材厚度为 40 mm,因此选择焊条规格为 $\phi 4.0$ mm。焊前,将焊条严格按规定烘干,烘烤温度为 360 ℃,烘烤时间为 2 h,存放温度为 150 ℃。

4）接头坡口形式

母材规格为 40 mm×100 mm×300 mm,因此采用双 V 形坡口,通常采用氧-乙炔火焰切割加工坡口,切割前对钢板切割线附近用氧乙炔焰预热至 200～250 ℃,切割后清除坡口表面所有氧化层,坡口表面用磁粉探伤检查表面裂纹。坡口形式如图 2-26 所示。

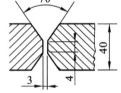

图 2-26　坡口形式

5）预热

因母材厚度达 40 mm,其中碳的质量分数 $w_c \leqslant 0.15$,所以采用电加热带将坡口及其附近区域均匀预热至 250～350 ℃,预热温度稍高可以有效防止 12Cr2Mo1R 耐热钢焊接接头处产生应力和裂纹。

6）焊接过程控制

焊接时,使坡口两侧电弧停留时间略长,以减缓影响区的冷却速度,并且要保持层间温度大于 250 ℃。正面焊缝焊完后,背面用碳弧气刨清根,用砂轮机将渗碳层打磨干净,然后焊接背面,此时焊接区域温度仍要保持在 250 ℃以上。焊接位置为平位。

根据经验公式 $I = 10d^2$(其中 I 为焊接电流,d 为焊条直径),将焊接电流取为 160 A。

当焊接电流调好以后,焊机的外特性曲线就决定了。实际上电弧电压主要是由电弧长度来决定的。电弧长,电弧电压越高,反之则低。焊接过程中,电弧不宜过长,否则会出现电弧燃烧不稳定、飞溅大、熔深浅、气孔等缺陷;若电弧太短,则容易粘焊条。一般情况下,电弧长度等于焊条直径的 0.5～1 倍为好,相应的电弧电压为 16～25 V,因此,本过程选择电弧电压为 25 V。

焊接速度一般根据钢材的淬硬倾向来选择,本过程使用的母材为 12Cr2Mo1R 耐热钢钢板,因此焊接速度选用 8 cm/min。

焊接层数应视焊件的厚度而定。除薄板外,一般都采用多层焊。焊接层数过少,每层焊缝的厚度过大,对焊缝金属的塑性有不利的影响。每层焊缝的厚度不应大于 5 mm。因此,本设计采用 8 层焊缝。焊接的具体参数见表 2-8。

表 2-8 焊接参数

焊接方法	电源极性	焊条直径 /mm	焊接电流 /A	电弧电压 /V	焊接层数	焊接速度 /(cm/min)
手工电弧焊	直流反接	φ4.0	160	25	8	8
碳弧气刨	直流反接	φ10	300	36	—	100

7）焊后热处理

根据焊接手册可以得知，12CrMo1R 耐热钢焊后立即在 600 ℃温度下进行 1.6 h 回火处理。

4．焊接检验

结构强度要求焊缝保证一定的强度，能承受强冲击。如果焊接接头存在严重的焊接缺陷，在恶劣的环境下，就有可能造成部分结构断裂，甚至引起重大事故。据对船舶脆断事故调查，40％的脆断事故是从焊缝缺陷处开始的。焊接产品的质量方面存在的主要问题就是焊缝质量的缺陷。因此，焊接质量检验尤为重要。应做到及早发现焊接缺陷，对焊接接头的质量作出客观的评价，把焊接缺陷限制在一定的范围内，以确保设备安全和生命财产安全。

1）外观检验

焊接接头的外观检测是一种手续简便而又应用广泛的检测方法，是成品检测的一个重要内容，主要是检查焊缝表面的缺陷和尺寸上的偏差。一般通过肉眼观察，借助标准样板、量规和放大镜等工具进行检测，若焊缝表面出现缺陷，焊缝内部便有存在缺陷的可能。

2）用物理方法检验

利用一些物理现象进行测试或检验，主要的物理检验方法为无损探伤方法。目前的无损探伤方法有超声波探伤、射线探伤、渗透探伤、磁力探伤等。材料或工件内部缺陷情况的检查，一般都是采用无损探伤的方法。

3）结合强度检测

通过对堆焊层进行拉伸、剪切、刨削试验，评定不同情况下堆焊层与基体结合强度及堆焊层内聚强度。

思 考 题

1．常用的毛坯形式有哪几类？你在实习中对生产毛坯的方法有哪些认识？

2．影响毛坯生产成本的主要因素有哪些？根据不同的生产规模，如何降低毛坯的生产成本？

3．生产实际中你见到了哪些轴类毛坯？它们是如何生成出来的？与加工后的零件有何不同？

4．箱体、机架类零件的常用毛坯有哪几种？

5．试为图 2-27 所示的零件选择合适的材料、毛坯生产方式及制造工艺过程。零件材料为 HT200，中批量生产。

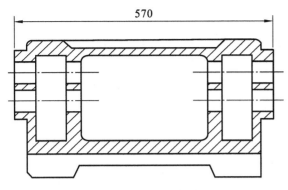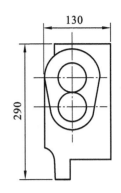

图 2-27　车床进给箱体

6. 压力加工的主要生产方式和应用是什么?

7. 试述自由锻造的工艺特点及适用范围。

8. 焊件为什么常用 Q235A、20 钢、30 钢、16Mn 等材料?

9. 如何选择焊接方法? 下列情况中应分别选用什么焊接方法及焊接工艺?

(1) 低碳钢桁架结构,如厂房屋架的焊接;

(2) 用厚度为 20 mm 的 Q345 钢板拼成工字梁;

(3) 低碳钢薄板的焊接。

第3章 小件批量生产车间实习

3.1 生产及管理特点

    小件批量零件的生产主要是指对小型短轴类、盘类、齿轮、螺纹、花键的切削加工,具有加工零件体积小、品种多、批量大的生产特点。小件批量生产常采用工序集中和专用设备的方法,如中心基准孔的加工常使用铣端面、钻中心孔专用机床;螺纹加工使用滚丝机或搓丝机,光轴的精加工常使用无心磨床,球面加工使用旋风铣削床、花键铣床;齿轮坯的加工则用一台或两台六角车床一次完成端面、外圆和内孔等表面的全部加工;内表面的加工使用拉削完成;细长轴和盘套类零件的加工用多轴自动和半自动车床完成;轴上的径向孔和圆周分布的螺纹孔和螺纹加工常使用台钻、立式钻床和钻模来完成。

    中小件的存放一般是使用货箱或托盘,螺钉、螺母等小件则装在盒子里,物料的搬运使用运输车辆,如平板车、叉车、手推车及托盘搬运车。工序之间的调配则由车间调度员来完成。

3.2 生产车间使用的设备及布置特点

3.2.1 布置特点

    由于产品多为单件中批量,且需经常对相关产品进行修复加工,产品的不确定性较大,加工工序的连接性不高,因此加工设备采用相对集中的布置方式,即机群式布置,或主要工序采用专用机床以流水线形式布置。由于加工的零件体积较小,使用的大多是小型或中型设备。机床按类分配,并且尽量按加工工艺顺序来安排。比如,车削一般是头道工序,应将车床放在离毛坯比较近的地方,这样可以节约物流成本。小车床应放在前排,大车床应放在后排;刨、插、钻床、铣床在中;磨削一般是最后工序,故将磨床放在离入库口近的地方。专用机床组成的流水线和齿轮加工机床放于专用区。

    随着生产技术的发展,一些新建车间的主要工序利用数控机床完成,形成了柔性生产线。

    车间运输以道路运输为主,道路两侧布置加工设备,由于车间产品体积较小,产品采用人工搬运和叉车运输,产品和毛坯放在主要机床两侧的货物架或货物箱内。图 3-1 所示为某小件批量生产车间的实际布置图。

3.2.2 常使用的工艺装备及加工特点

1. 车床

加工小件成批量零件使用的车床主要有普通车床、经改装的普通车床、回轮车床、转塔

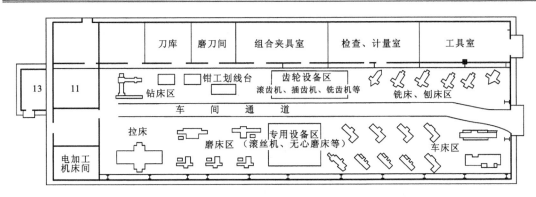

图 3-1　小件批量生产车间布置图

车床、仿形车床、单轴自动车床或半自动车床、多轴自动和半自动车床等。

1）普通车床

普通车床适合对外圆表面、端面、孔进行加工,加工工序内容较少,工步较多,卡盘大多改进为气动、液压或自动夹紧卡盘。

2）经改装的普通车床

经改装的普通车床由主轴带动镗杆旋转,将夹具安装在大溜板上,在非回转体上镗孔,如图 3-2 所示。或在大溜板上安装磨头装置,对螺旋面进行磨削,以保证螺距要求。

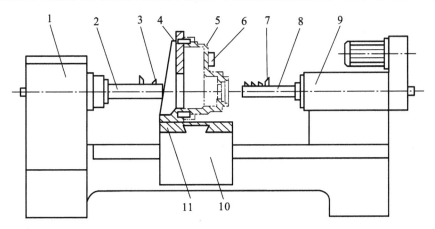

图 3-2　经改装的普通车床

1—床头;2—左镗杆;3—左镗刀;4—弯板;5—工件;6—压板;
7—右镗刀;8—右镗杆;9—右镗头;10—溜板箱;11—夹具底板

3）转塔式六角车床

转塔式六角车床适合加工形状较为复杂,特别是带有多台阶孔的零件,如法兰盘、齿轮环、壳体等外圆、内孔旋转表面。在一次装卡工件后,用多刀、多刃加工,加工工序内容多、工步少、生产效率高。卡盘多改进为气动、液压或自动夹紧卡盘。转塔刀架采用了端面齿盘定位机构,重复定位精度高,定位性能好。

转塔式六角车床没有丝杠和尾架,它的外形如图 3-3 所示。在主轴箱的右侧分别装有刀架、后刀架及上刀架,它们可作横向进给运动,用于切槽、成形车削以及切断等。在床身的右上方装有可作纵向运动的转塔刀架,在此刀架上有六个孔位,可安装六把(组)刀具,用于完成车、钻、扩、铰、攻内螺纹、套外螺纹等工作。根据工件的加工工艺,预先将所用的全部刀具安装在机床上,并调整妥当。每组刀具的行程终点位置可由调整的挡块加以控制。加工时刀具轮流进行切削,加工每个工件时不必再反复装卸刀具和测量工件尺寸。可以节省一般车床更换刀具的时间,因此操作方便、迅速,可节约辅助时间,生产效率高。

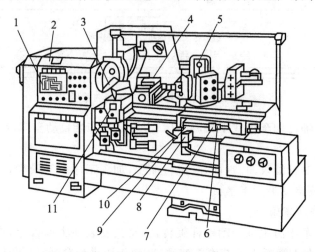

图 3-3　转塔车床

1—程控板;2—主轴箱;3—前刀架;4—后刀架;5—转塔刀架;6—快移转进压块;
7—碰停撞块;8—行程阀;9—手动截止阀;10—碰停触点;11—行程调整刻度环

4) 回轮车床

　　回轮车床主要用于加工直径较小的工件,它所应用的毛坯通常为棒料。图 3-4 所示是回轮车床的外形。在回轮车床上没有前刀架,只有一个可绕水平轴线转位的圆盘形回轮刀架 4。其回转轴线与主轴轴线平行。回轮刀架的端面上有 12 或 16 个安装刀具的孔,可以安装 12 或 16 组刀具(见图 3-4(b))。当刀具孔转到最高位置时,其轴线与主轴

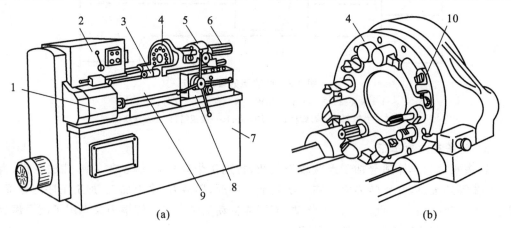

(a)　　　　　　　　　　　　　　　　　　　　(b)

图 3-4　回轮车床

1—进给箱;2—主轴箱;3—纵向定程机构;4—回轮刀架;5—纵向滑板;
6—纵向定程机构;7—底座;8—溜板箱;9—床身;10—横向定程机构

轴线在同一直线上。回轮刀架由溜板箱 8 驱动。随着纵向滑板 5 一起,回轮刀架可沿着床身 9 上的导轨作纵向进给运动,进行车内圆、车外圆、钻孔、扩孔、铰孔和加工螺纹等工序;还可以绕自身轴线缓慢旋转,实现横向进给,以便进行车成形面、沟槽、端面和切断等工序。各工序的加工尺寸分别由刚性纵向定程机构 3、纵向定程机构 6 和横向定程机构 10 来控制。

5)单轴自动车床或半自动车床

单轴自动车床或半自动车床主要用于加工棒料毛坯,在半自动车床上增加装、卸料装置,使之变为自动车床。图 3-5 所示为单轴纵切自动车床的外形,它由内底座、床身、天平刀架、主轴箱、送料装置、上刀架、钻铰附件和分配轴等部件组成。这种机床用于加工精度较高、必须一次加工成形的轴类零件,可以车削圆柱面、圆锥面、成形面以及切槽等,特别适宜加工如图 3-6 所示的细长阶梯轴类零件。加工时弹簧夹头夹持着棒料作旋转主运动。

图 3-5 单轴纵切自动车床的外形

1—天平刀架;2—主轴;3—上刀架;4—钻铰附件

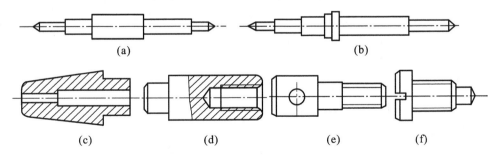

图 3-6 单轴纵切自动车床上加工的典型零件

(a)、(b)细长阶梯轴;(c)带圆锥面台阶孔的阶梯轴;(d)带螺纹孔的阶梯轴;
(e)带外螺纹的阶梯轴;(f)紧定螺钉

单轴纵切自动车床的加工原理如图3-7所示。棒料夹持在主轴4的弹簧夹头5中,由主轴带动作逆时针方向旋转(从主轴前端向后看),棒料的后端支承在料管8中。由于在车床上加工的工件2往往是细长的,为了减少切削变形,棒料的前端支承在中心架7的硬质合金支承套6中。上刀架1有两个,它们均装在中心架7上,可沿工件径向移动,天平刀架10绕中心轴11摆动时,其上两个刀架就可轮流参加切削,中心轴11位于固定不动的中心架上,所以机床的纵向进给是由主轴箱3带动工件来实现的。

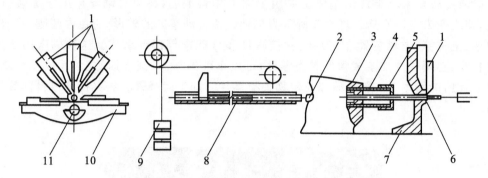

图 3-7　单轴纵切自动车床加工原理

1—上刀架;2—工件;3—主轴箱;4—主轴;5—弹簧夹头;6—支承套;
7—中心架;8—料管;9—重锤;10—天平刀架;11—中心轴

加工外圆柱面时,移动上刀架或天平刀架,使刀尖到达所需的半径位置后停止,然后由主轴箱带着棒料作纵向进给。切端面、切槽或切断时,主轴箱和棒料不动,由刀架作径向进给。如果需要车削锥面或成形表面,应使刀架和主轴箱作协调的移动。钻孔或加工内、外螺纹时,可使用钻铰附件,它是一个可摆动的支架,支架上有三根刀具主轴及其传动机构。工作时,刀具主轴的轴线可摆动到与主轴轴线对准的位置。机床加工时在上一个工件被切断后,切断刀并不退离,而是留在原处作为下一个工件的挡料装置,控制加工工件的长度。因此,机床的自动加工循环从切断刀退回开始,之后主轴箱和各刀架根据加工要求协调动作,完成各工步的加工,接着切断已经加工好的工件,切断刀停留在原处,主轴内的夹料弹簧夹头5松开棒料,主轴箱3后退,在重锤9作用下,棒料的端面紧靠在切断刀上,不随主轴后退,主轴箱退回到等于送料长度的距离后停止,最后夹料夹头夹紧棒料。以上工作循环自动重复,直到棒料用完,机床便自动停止。

纵切自动车床刀架如图3-8所示。

单轴横切自动车床的主轴箱和刀架均不作纵向进给运动,而由成形刀具的横向进给运动完成切削加工。这种机床仅用于加工形状简单、尺寸较小的销、轴类工件。

6) 多轴自动车床

多轴自动车床具有若干根水平布置的主轴,通过位置移动来完成孔径镗削、旋转切削、倒角加工、攻螺纹、凹槽切削、钻孔等加工作业。送料采用自动送料机构自动向主轴送料,自动夹头完成夹紧工作,料完自动停车报警,加工过程不需人工看料。加工过程中通过把加工内容分成多道工序同时进行加工作业,彻底缩短了加工周期。在一次性装夹下可完成管材和棒料的全部切削加工。多轴自动车床适用于对圆形、方形、六方形、冷拔料或形状较复杂的毛坯进行加工。可在多轴自动车床上加工的零件如图 3-9 所示。

多轴自动车床外形如图 3-10 所示。

多轴自动车床的工作原理如图 3-11 所示。

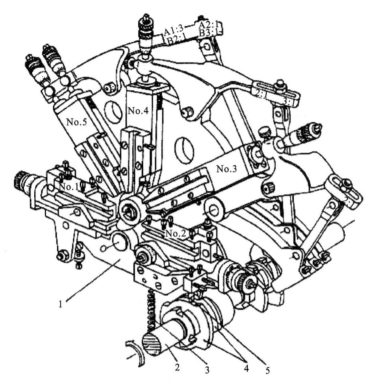

图 3-8 纵切自动车床刀架

1—天平刀架；2—分配轴；3—弹簧；4—凸轮；5—触销

图 3-9 在多轴自动车床上加工的零件

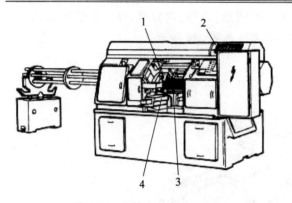

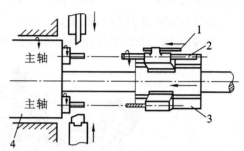

图 3-10　多轴自动车床外形

1—主轴鼓；2—横梁；3—纵刀架；4—横刀架

图 3-11　多轴自动车床的工作原理

1—独立送进机构；2—工具轴；3—纵刀架；4—鼓轮

主轴装在可周期性转位的主轴鼓内,装夹在主轴中的坯料顺次经过各工位,实现不同工序的加工,并在最后一个工位切断或卸下。横刀架只作横向进给,实现成形、切槽、倒角、切断等加工。纵刀架只作纵向进给,进行孔加工。独立送进机构除作纵向进给外,刀具还可以转动,实现铰孔、螺纹加工及高速钻孔。

图 3-12 所示为数控六轴自动车床主轴分布图。使用六轴自动车床时,一根主轴用于装夹或卸载被加工件,其余五根主轴处于加工状态。

图 3-12　六轴数控自动车床主轴分布图

7) 仿形车床

图 3-13 所示的仿形车床通过仿形刀架按样板或样件表面,作纵、横向随动运动,使车刀自动复制出相应形状的被加工零件,适用于大批量生产的圆柱形、圆锥形、阶梯形及其他成形旋转曲面的轴、盘、套、环类工件的车削加工。机床的仿形装置有机械仿形、液压仿形和电气仿形等形式的,其中液压仿形车床的效率和精度较高,结构简单紧凑,加工质量稳定,并可采用可编程控制器(PLC)进行电气控制。仿形车床加工形状复杂工件的生产率比卧式车床高 15 倍左右,工件形状越复杂,批量越大,效果越显著。一般仿形误差为 0.02~0.05 mm,

加工表面粗糙度为 $Ra3.2\sim1.6\ \mu m$，尺寸精度为 $0.02\ mm$，圆度为 $0.008\ mm$，圆柱度为 $0.02\ mm$。

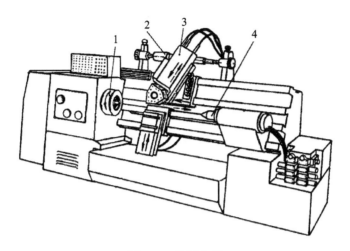

图 3-13　仿形车床

1—主轴；2—工件样本；3—仿形刀架；4—顶尖

8）铣端面、钻中心孔机床

铣端面、钻中心孔机床是加工大批量轴类零件时初始工序必选设备。先铣削轴两端面，再钻两端中心孔，在一个工作循环内完成铣端面、打中心孔的加工工序，为轴类零件后序加工提供工艺基准，并可扩展工艺范围，在钻孔的同时完成轴端一段外圆的套车，两端轴头倒角或局部成形。

铣端面、钻中心孔机床加工时工件是移动的，铣钻主轴箱实现进给运动，使用自定心液压夹具夹持工件，加工过程中工件随夹具作进给运动，先在铣轴工位完成端面铣削，再快移到钻轴工位进行钻孔。大规格的铣端面、钻中心孔机床的加工过程是铣钻主轴箱作纵、横进给运动，先铣端面后钻孔。图 3-14 所示为铣端面、钻中心孔机床外形。

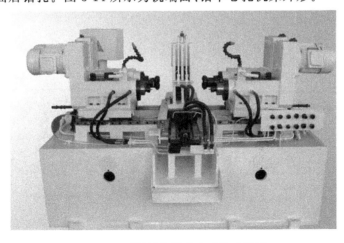

图 3-14　铣端面、钻中心孔机床外形

2. 铣床

铣床主要用铣刀在工件上加工平面、沟槽,也可以加工各种曲面、齿轮等,还能铣削螺纹和花键轴及比较复杂的型面,广泛用于锥齿轮的粗加工和拨叉的沟槽加工。常利用卧式铣床(见图 3-15)和立式铣床(见图 3-16)配合组合铣刀和多件专用夹具(见图 3-17),同时加工多个小平面或铣断工件来提高生产效率。键槽和花键轴的批量生产常使用键槽铣床、花键铣床(见图 3-18)或用普通卧式铣床和自动分度机构来提高生产效率。花键铣床是利用滚铣方法加工直槽花键轴、渐开线花键轴和少齿数齿轮的专用机床。

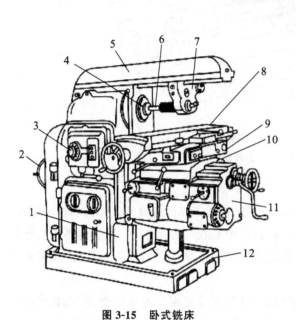

图 3-15 卧式铣床

1—床身;2—电动机;3—主轴变速机构;4—主轴;5—横梁;
6—刀杆;7—吊架;8—纵向工作台;9—回转台;
10—横向工作台;11—升降台;12—底座

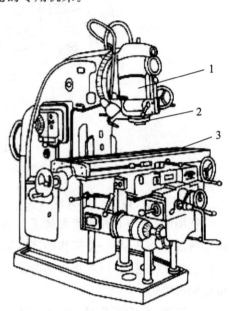

图 3-16 立式铣床

1—立铣头;2—主轴;3—工作台

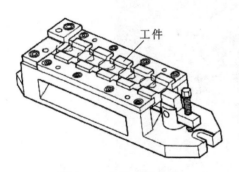

图 3-17 多件专用夹具

图 3-18 花键铣床

常见的用铣床加工的零件如图 3-19 所示。用铣床加工各种槽的情形如图 3-20 所示。

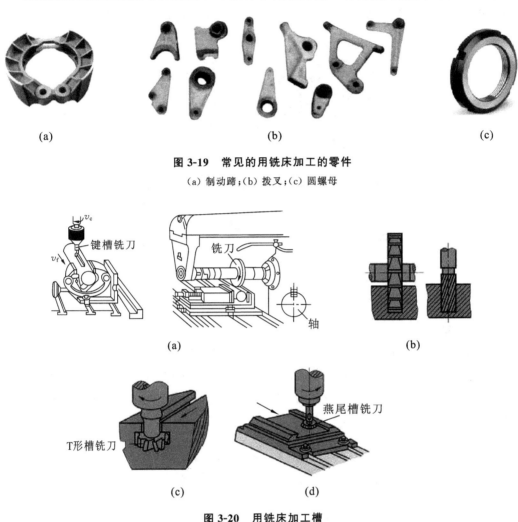

| (a) | (b) | (c) |

图 3-19　常见的用铣床加工的零件

(a) 制动蹄；(b) 拨叉；(c) 圆螺母

(a)　　　　　　　　　　　　　　　(b)

(c)　　　　　　(d)

图 3-20　用铣床加工槽

(a) 铣轴上的键槽；(b) 铣直槽；(c) 铣 T 形槽；(d) 铣燕尾槽

3. 齿形加工机床

齿形加工机床用于各种齿轮的齿形加工，主要包括用于粗加工的滚齿机、插齿机、铣齿机和用于精加工的珩齿机、剃齿机、磨齿机等。

1）滚齿机

图 3-21 所示滚齿机主要用滚刀按展成法加工外圆柱齿轮、蜗轮、链轮等齿面。使用特制的滚刀时也能加工花键和链轮等各种特殊齿形的工件。普通滚齿机的加工精度为 IT6～IT7级，高精度滚齿机为 IT3～IT4 级。立式滚齿机又分为工作台移动和立柱移动两种形式的。立式滚齿机工作时，滚刀装在滚刀主轴上，由主电动机驱动作旋转运动（切削的主运动），刀架可沿立柱导轨作垂直进给运动，还可绕水平轴线调整一个角度。工件装在工作台上，由分度蜗轮副带动工作台旋转（分齿运动），分齿运动与滚刀运动一起构成展成运动。滚切斜齿时，差

动机构使工件作相应的附加转动。工作台(或立柱)可沿床身导轨移动,以适应不同工件直径和作径向进给。有的滚齿机的刀架还可沿滚刀轴线方向移动,以便用切向进给法加工蜗轮。

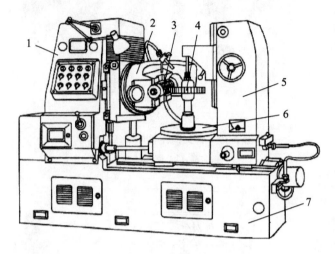

图 3-21　滚齿机

1—立柱;2—刀架;3—滚刀;4—工件;5—支承架;6—工作台;7—床身

2) 插齿机

插齿机是内、外圆柱齿轮及齿条齿面的齿轮加工机床。图 3-22 所示为插齿的情形。在插齿机上用插齿刀按展成法可插削多联齿轮和内齿轮,加附件后还可加工齿条;使用专门刀具还能加工非圆齿轮及不完全齿轮和内、外成形表面,如方孔、六角孔、带键轴(键与轴连成一体)等。加工精度可达 IT5～IT7 级。

图 3-22　插齿

插齿机分立式(见图 3-23)和卧式两种,前者使用最普遍。立式插齿机又有刀具让刀和工件让刀两种形式的。高速和大型插齿机采用刀具让刀形式,中小型插齿机一般采用工件让刀形式。在立式插齿机上,插齿刀装在刀具主轴上,同时作旋转运动和上下往复插削运动;工件装在工作台上,作旋转运动,工作台(或刀架)可横向移动实现径向切入运动。刀具回程时,刀架向后稍作摆动实现让刀运动或工作台作让刀运动。加工斜齿轮时,通过装在主轴上的附件(螺旋导轨)使插齿刀随主轴的上下运动而作相应的附加转动。

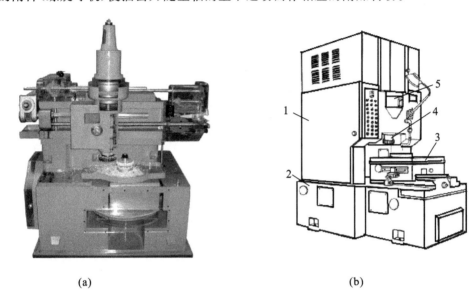

(a)　　　　　　　　　　　　　　　　　(b)

图 3-23　立式插齿机

(a) 工件让刀;(b) 刀具让刀

1—立柱;2—床身;3—工作台;4—插齿刀;5—刀架

4. 拉床

拉床是用拉刀作为刀具加工工件通孔、键槽、花键、平面和各种成形表面的机床。拉削能获得较高的尺寸精度和较小的表面粗糙度,生产率高。大多数拉床只有拉刀作直线拉削的主运动,而没有进给运动。工件贴住端板或安放在平台上,传动装置带着拉刀作直线运动,并由主溜板和辅助溜板接送拉刀。加工的零件结构与质量由拉刀的形状和精度决定。常见的在拉床上加工的零件如图 3-24 所示。

图 3-24　常见的在拉床上加工的零件

拉床可分为内拉床和外拉床两种。

内拉床又有卧式(见图 3-25)和立式(见图 3-26)的两种。

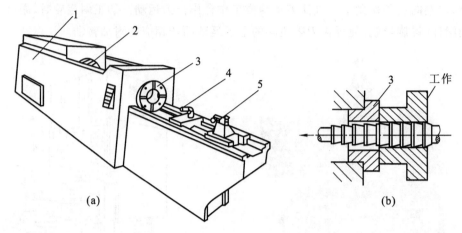

(a)   (b)

图 3-25　卧式内拉床

1—床身；2—液压缸；3—支承座；4—滚柱；5—护送夹头

图 3-26　立式内拉床

内拉床用来加工各种截面形状的通孔和孔内通槽，如圆孔、方孔、多边形孔、花键孔、键槽孔、内齿轮等。拉削前要有已加工孔，让拉刀能从中插入。拉削的孔径范围为 8～125 mm，孔深不超过孔径的 5 倍。

外拉床用来加工非封闭形表面，如平面、成形面、沟槽、榫槽、叶片榫头和外齿轮等，特别适合于在大量生产中加工比较大的平面和复合型面，如汽车和拖拉机的气缸体、轴承座和连杆等。拉削型面的尺寸精度可达 IT5～IT8，表面粗糙度为 Ra 0.04～2.5 μm，拉削齿轮精度可达 IT6～IT8 级。

5. 滚丝机

滚丝机是一种多功能冷滚压成形机床，如图 3-27 所示。滚丝机能在其滚压力范围内，在冷态下对工件进行滚轧。滚丝冷滚压是一种先进的无切削加工工艺，能有效地提高工件的内在和表面质量，加工时产生的径向压应力，能显著提高工件的抗疲劳强度和抗扭转强度。

螺纹的滚压加工可以在碳素钢、合金钢、青铜、黄铜、铝、铸铁、镍、粉末冶金材料和塑料等不同坯件材料上，对各种类型的零件(如丝锥、发动机地脚螺栓和动力螺栓、主轴和丝杠、空心薄壁件等)进行各种螺纹(包括精密螺纹)的滚压加工。

6. 磨床

磨床是利用磨具对工件表面进行磨削加工的机床。大多数磨床使用高速旋转的砂轮进行磨削加工，少数的使用油石、砂带等其他磨具和游离磨料进行加工。磨床主要用于加工硬度较高的材料，如淬硬钢、硬质合金等；也能加工脆性材料，如玻璃、花岗石。磨床能作高精

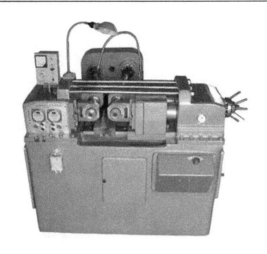

图 3-27　滚丝机

度和表面粗糙度很小的磨削,也能进行高效率的磨削,如强力磨削等。磨床主要用于材料硬度较高工件的精加工。小件大批量生产的零件常使用的磨床有以下几种。

(1) 外圆磨床　外圆磨床是普通型的基型系列,主要用于磨削圆柱形和圆锥形外表面。

(2) 内圆磨床　内圆磨床是普通型的基型系列,主要用于磨削圆柱形和圆锥形内表面。

(3) 无心外圆磨床　无心外圆磨床如图 3-28 所示,工件采用无心夹持,一般支承在导轮和托架之间,由导轮驱动工件旋转,主要用于磨削圆柱形表面。例如轴承的滚柱、滚针等。

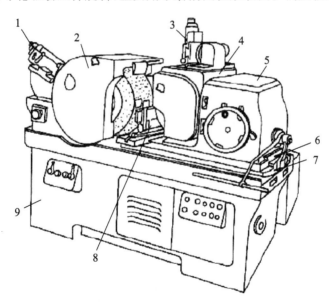

图 3-28　无心外圆磨床

1—砂轮修整器;2—砂轮架;3—导轮修整器;4—导轮架;
5—导轮架座;6—滑板;7—回转底座;8—工件支架;9—床身

(4) 平面磨床　平面磨床主要用于磨削工件的平面及槽。较小尺寸及较高精度工件常使用手摇磨床。

（5）珩磨机　珩磨机是用于珩磨工件各种表面的磨床。

（6）研磨机　研磨机是用于研磨工件平面或圆柱形内、外表面的磨床。

此外，还有花键轴磨床、齿轮磨床，以及兼具内、外圆磨削功能的磨床。

7. 钻床

钻床用于加工均匀分布的轴向孔、径向孔、斜孔和螺纹。为适应批量生产的需求，常配备各种钻模（如固定钻模、移动钻模、翻转钻模、分度钻模、可调钻模、组合钻模等）、钻头、铰刀、丝锥、锪刀进行钻扩、铰、攻螺纹、锪孔等加工。常用的钻床有台式钻床和立式钻床，如图3-29所示。

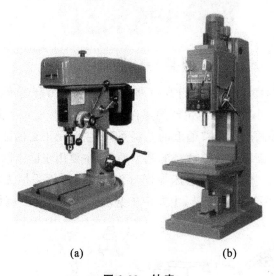

(a)　　　　　　　　　(b)

图 3-29　钻床

（a）台式钻床；（b）立式钻床

（1）台式钻床　台式钻床主要用于加工小型工件，加工的孔径一般小于 12 mm。

（2）立式钻床　立式钻床主要配备钻模，用于中小型板件、盘类、壳体类等复杂零件及模具的批量加工。立式钻床的钻孔直径大于台式钻床，一般小于 40 mm。

3.3　零件加工工艺举例

3.3.1　轴类零件

轴类零件一般在机器中用来支承传动零件、传递转矩、承受载荷，可分为光轴、阶梯轴、空心轴和异形轴四类。小型轴加工内容主要有内、外圆柱面，圆锥面，螺纹，花键，键槽。

轴类零件常用 45 钢，采用正火、调质、淬火等热处理方式；中等精度转速较高的轴类，选用 40Gr 等合金结构钢；高精度轴用 GCr15 或 65Mn 等材料，经调质或表面淬火处理；高速重载轴，用 20GrMnTi 渗碳钢或 38CrMoAlA 渗氮钢，经调质和表面氮化。轴类零件毛坯一般以棒料为主；某些大型零件或零件结构复杂时用铸件（如曲轴）；重要、高速轴须采用锻件，单件小批量生产时采用自由锻件,大批量生产时宜采用模锻件。

轴类零件主要需加工表面是回转表面,一般采用车削和外圆磨削。主要表面公差等级较高(IT6),表面粗糙度值较小(Ra 0.8 μm),最终加工应采用磨削。轴加工一般划分为三个加工阶段,即粗车(粗车外圆、钻中心孔),半精车(半精车各处外圆、台肩和修研中心孔等),粗、精磨各处外圆。各加工阶段大致以热处理为界。

轴类零件的定位基准常以设计基准(中心孔)为精基准,在加工各阶段中应反复修正中心孔,以不断提高精度。采用基准重合、基准统一原则。空心轴需解决深孔加工和定位问题,常用外圆表面定位加工内孔,以内孔定位加工外圆;必要时借用锥堵,仍用顶尖孔定位,如此内孔、外圆互为基准反复加工,保证内孔、外圆的同轴度。

轴类零件定位基准最常用的是两中心孔。因为轴类零件各外圆表面、螺纹表面的同轴度及端面对轴线的垂直度是相互位置精度的主要项目,而这些表面的设计基准一般都是轴的中心线,采用两中心孔定位就能符合基准重合原则。而且由于多数工序都采用中心孔作为定位基面,能最大限度地加工出多个外圆和端面,这也符合基准统一原则。但下列情况不能用两中心孔作为定位基面。

(1)粗加工外圆时,为提高工件刚度,采用轴外圆表面为定位基面,或以外圆和中心孔同作定位基面,即一夹一顶。

(2)当轴为通孔零件时,在加工过程中,作为定位基面的中心孔因钻出通孔而消失。为了在通孔加工后还能用中心孔作为定位基面,工艺上常采用以下三种方法。

① 当中心通孔直径较小时,可直接在孔口倒出宽度不大于 2 mm 的 60°内锥面来代替中心孔。

② 当轴有圆柱孔时,可采用图 3-30(a)所示的锥堵,取 1∶500 锥度;当轴孔锥度较小时,取锥堵锥度与工件两端定位孔锥度相同。

③ 当轴通孔的锥度较大时,可采用带锥堵的心轴,简称锥堵心轴(见图 3-30(b))。使用锥堵或锥堵心轴时应注意,一般中途不得更换或拆卸,直到精加工完各处加工面,不再使用中心孔时方能拆卸。

轴需要进行调质处理时,它应放在粗加工后、半精加工前进行。如采用锻件毛坯,必须首先安排退火或正火处理。轴材料为热轧钢时,可不必进行正火处理。

轴的加工顺序安排的一般原则为先粗后精、先主后次等,此外还应注意以下几点。

(1)外圆表面加工顺序应为先加工大直径外圆,然后再加工小直径外圆,以免一开始就降低了工件的刚度。

(2)轴上的花键、键槽等表面的加工应在外圆精车或粗磨之后,精磨外圆之前。

轴上矩形花键的加工,通常采用铣削和磨削加工,产量大时常用花键滚刀在花键铣床上加工。以外径定心的花键轴,通常只磨削外径键侧,而内径铣出后不必进行磨削,但如经过淬火而使花键扭曲变形过大时,也要对侧面进行磨削加工。以内径定心的花键,其内径和键侧均需进行磨削加工。

(3)轴上的螺纹一般有较高的精度,如安排在局部淬火之前进行加工,则淬火后产生的变形会影响螺纹的精度。因此螺纹加工宜安排在工件局部淬火之后进行。

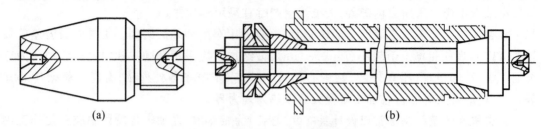

图 3-30 锥堵及锥堵心轴的应用

(a) 锥堵；(b) 锥堵心轴的应用

1. 花键轴零件加工工艺

图 3-31 为花键轴零件图，批量生产加工工艺过程如表 3-1 所示。

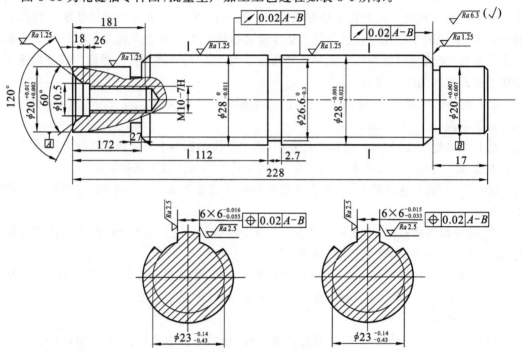

图 3-31 花键轴零件图

表 3-1 中批量生产花键轴加工工艺

工序	工序名称	安装	工序内容	设备名称	定位及夹紧
1	备料		下料，毛坯加长 28 mm 作为工艺夹头，全长为 254 mm	锯床	
2	车	1	车工艺夹头 ϕ18 mm，长 28 mm，车右端面，钻顶尖孔	车床	外圆及端面
		2	调头，车左端面，钻顶尖孔	车床	外圆及端面
3	车		粗车各段外圆，留加工余量 2～2.5 mm	车床	两端中心孔
4	车		钻左端 M10-7H 螺纹孔 ϕ8.5 mm，车孔口 ϕ10.5 mm	车床	外圆及端面

续表

工序	工序名称	安装	工序内容	设备名称	定位及夹紧
5	钳		加工 M10-7H 螺纹		
6	热处理		调质处理,硬度为 240 HBS		
7	车	1	半精车左端 $\phi20.5$ mm 外圆,孔口倒角,切退刀槽	车床	外圆及端面
		2	掉头修右端顶尖孔	车床	外圆及端面
8	车		半精车各处外圆,切退刀槽和中间挡圈槽	车床	两端中心孔
9	铣		粗铣花键	花键铣床	两端中心孔
10	铣		精铣花键至尺寸	花键铣床	两端中心孔
11	钳		去毛刺		
12	磨	1	粗磨花键外圆 $\phi28$ mm 和端面,磨 $\phi20^{+0.007}_{-0.007}$ mm 外圆至图样要求	外圆磨床	两端中心孔
		2	调头磨另一端 $\phi20$ mm 外圆至图样要求,精磨花键外圆 $\phi28$ mm 及端面至图样要求	外圆磨床	两端中心孔
13	车		切除工艺夹头部分	车床	外圆及端面
14	检验		检验各尺寸		

　　(1) 加工工艺分析　该零件的加工工艺重点是对毛坯的处理,为了保证花键铣刀(或滚刀)越出加工长度,同时便于夹紧和加工时承受扭矩,工件需要加长 28 mm,加长尺寸由铣刀直径或花键滚刀直径决定,待精磨后切除。该花键两段轴颈极限偏差不同,需要两次磨削。实习过程中应注意观察防止切削时刀具干涉的过程,本工序采用了加长毛坯尺寸来防止切削时刀具干涉,若这一方法不能奏效则可以使用专用的特殊夹头来避免干涉现象的发生。

　　(2) 实习重点及步骤具体如下。

　　① 按成品→棒料→车床→花键铣床→外圆磨床→车床的实习顺序观察加工工艺过程。

　　② 车床结构、操作步骤、车工艺夹头时的定位方法。

　　③ 花键铣床的结构特点、铣花键工序时刀具特点、花键的分度过程。

　　④ 磨削工艺特点。

　　⑤ 两端中心孔定位时动力的传递方法。

2. 光轴零件加工工艺

图 3-32 所示为简单光轴零件图。

批量光轴有两种加工方法:一是用无心磨床设备完成最终加工;另一种是在没有无心磨床设备情况下,分两次装夹、调头磨削完成。

1) 不用无心磨床设备加工光轴

不用无心磨床设备的光轴加工工艺过程见表 3-2。

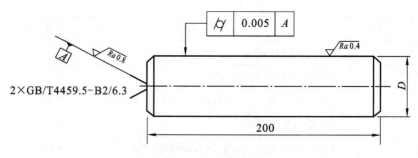

图 3-32　光轴零件图

表 3-2　光轴加工工艺过程

工序	安装	工序名称	工序内容	设备		圆柱度/mm	工序尺寸/mm	定位及夹紧
1		备料						
2	1	车	车右端面,打中心孔	普通车床				外圆、端面
	2	车	调头车左端面,打中心孔	普通车床				中心孔
3	1	车	车外圆	普通车床及鸡心夹				中心孔
	2	车	车外圆	普通车床及鸡心夹				中心孔
4		热	热处理					
5		磨	磨削	1	外圆磨床	0.01	$\phi 35_{-0.025}^{0}$	中心孔
				2	外圆磨床	0.007	$\phi 34.8_{-0.016}^{0}$	
				3	外圆磨床	0.006	$\phi 34.6_{-0.016}^{-0.035}$	
				4	外圆磨床	0.005	$\phi 34.4_{-0.009}^{-0.027}$	
				5	外圆磨床	0.005	$\phi 34.2_{-0.008}^{+0.008}$	

（1）光轴的工艺特点　工件的尺寸精度为 IT6,表面粗糙度为 Ra 0.4 μm,圆柱度公差为0.005 mm。要求接刀磨削后,无明显接刀痕迹。外圆经过五次纵磨,逐步达到要求。磨削时对工件的定位基准(中心孔与顶尖)有较高要求,以保证工件的圆柱度公差。

（2）实习重点　由于工件在两次装夹时其轴线会发生变动,接刀的外圆会产生接刀痕迹,因此在实习中应特别注意观察磨削过程中的磨削步骤。

（3）磨削过程中的磨削步骤具体如下。

① 用涂色法检查工件中心孔,要求中心孔与顶尖的接触面积大于80％。

② 校正头架、尾座的中心,如图 3-33 所示。移动尾座使尾座顶尖和头架顶尖对准,不允许有明显偏移。当顶尖偏移时,工件的旋转轴线也将歪斜,则磨削时会产生明显接刀痕迹。

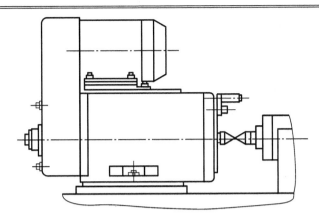

图 3-33　校正头架、尾座中心

③ 按工件磨削余量粗修整砂轮。

④ 将工件装夹在两顶尖间。

⑤ 调整工作台行程挡铁位置,使接刀的长度尽量短,如图 3-34 所示。

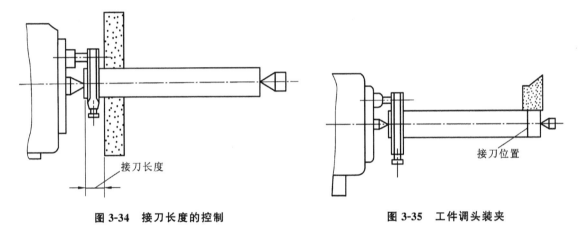

图 3-34　接刀长度的控制　　　　　**图 3-35　工件调头装夹**

⑥ 用试磨法找正工作台,以保证工件的圆柱度在 0.005 mm 内。

⑦ 粗磨外圆,留精磨余量 0.03～0.05 mm。

⑧ 工件调头装夹,作粗磨接刀,如图 3-35 所示。

⑨ 按精磨要求修整砂轮。

⑩ 精磨外圆至尺寸,圆柱度控制在 0.005 mm 内。

⑪ 调头接刀磨削一端至尺寸。

(4) 接刀方法及注意事项具体如下。

① 接刀时可在工件接刀处涂一层薄的显示剂(红油),然后用切入法接刀磨削,当磨至显示剂急剧变淡,甚至完全消失的瞬间即退刀。

② 要精确地找正工作台。通常,使靠近头架端外圆的直径较靠近尾座端的直径 0.003 mm 左右,这样可减小接刀痕迹。

③ 当出现单面接刀痕迹时,要及时检查中心孔和顶尖的质量。中心孔端出现毛刺或顶

尖磨损都会产生接刀痕迹。

④ 要注意中心孔的清理和润滑。

⑤ 要正确调整顶尖的顶紧力。

2）用无心磨床设备加工光轴

用无心磨床设备对光轴加工的工艺过程见表 3-3。

表 3-3　光轴加工工艺过程

序号	工序内容	设备	圆柱度/mm	工序尺寸/mm
1	车端面，打中心孔	端面中心孔机床		200
2	车外圆	普通车床		$\phi 34.4_{+0.05}^{0}$
3	热处理			
4	磨削	无心磨床	0.003	$\phi 34.2_{-0.008}^{+0.008}$

该零件的加工工艺重点是保证光轴外圆的加工精度。实习过程中应注意观察无心磨床的加工过程，零件的定位和进刀。观察端面中心孔机床的结构特点、夹具特点，以及工件在端面中心孔机床上是怎样对中以保证中心孔位置的。观察该零件工艺过程的顺序为成品→棒料→车床→无心磨床。

3. 手柄轴零件加工工艺

图 3-36 所示为手柄轴零件图，其加工工艺过程如表 3-4 所示。

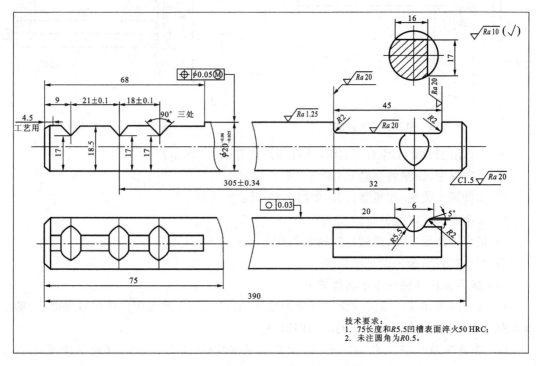

图 3-36　手柄轴零件图

表 3-4　手柄轴加工工艺过程

工序	工序名称	安装	工序内容	设备名称	定位及夹紧
1	备料		冷拔钢校直,切断,总长留加工余量 3 mm	锯床	
2	车	1	车端面、倒角	车床	外圆
		2	调头,车另一端面总长至尺寸,倒角	车床	外圆
3	铣		铣右端平槽长 45 mm 至尺寸	车床	外圆及端面
4	铣		铣左端平槽长 68 mm,铣至尺寸 63.5 mm,轴端留 4.5 mm 不铣通(工艺端)	车床	外圆、槽面、槽端面
5	铣		用组合铣刀铣三处 90°锁销槽		外圆、槽面、槽端面
6	铣		铣 R5.5 mm 销槽		轴端、外圆、槽面
7	钳		锉销槽倒角 R2 mm 两处及 5°斜面,去毛刺,锐边倒钝		
8	检验				
9	热处理		表面淬火,75 mm 处和 R5.5 mm 凹槽表面硬度为 50HRC		
10	钳		校直		
11	磨		无心磨外圆至尺寸,表面粗糙度为 Ra 1.25 μm	无心磨床	外圆
12	磨		磨平工艺端部分长 4.5 mm 至图样要求	端面磨床	外圆、槽面
13	清洗				
14	检验				
15	入库		入库前要涂油保护		

(1) 加工工艺分析　该零件生产类型为大批量生产,零件的结构简单,外圆加工尺寸精度要求为 $\phi 20^{-0.06}_{-0.025}$ mm,圆度为 0.03 mm,直线度为 $\phi0.05$ mm,圆周上的三槽要求有一定的位置精度,尺寸精度要求不高。因此,为提高生产率、保证质量,而采用组合铣刀、多件加工及无心磨削等方法。毛坯材料选用 15 冷拔圆钢,外圆不经车削而直接磨削加工。外圆磨削采用生产率高的无心磨削方法,但是因轴的左端是非圆体,无心磨削无法导向和定位,为使无心磨削顺利进行,在铣长 68 mm 小平面时(工序 4)轴端留 4.5 mm 长不铣通,便于导向能够继续进行,待最后磨平。

(2) 实习重点及步骤　由于零件较长需要顶尖,应重点观察工件的定位和夹紧过程。注意观察组合铣刀的形式和安装方式,以及车床、无心磨床、端面磨床的加工过程。观察该零件工艺过程的顺序为成品→棒料→车床→铣床→无心磨床→端面磨床。

4．小轴零件加工工艺

图 3-37 所示为小轴零件图。由于小轴结构尺寸小、批量大,常常在自动车床上一次完成。表 3-5 为该零件的加工工艺过程。

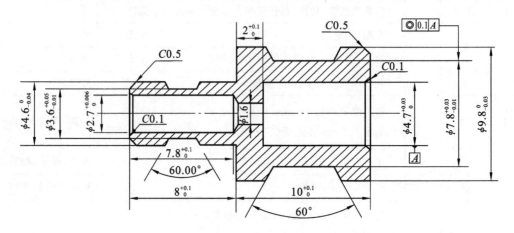

图 3-37　小轴零件图

表 3-5　小轴加工工艺过程

工序	工序名称	工 序 内 容	定位基准	机床
1	切断			
2	车	粗车外圆 $\phi 9.8_{-0.036}^{0}$ mm		
3	钻	钻孔 $\phi 4.7_{0}^{+0.3}$ mm,倒角 $C0.1$		
4	钻	钻孔 $\phi 1.6$ mm		
5		精钻孔 $\phi 4.7_{0}^{+0.03}$ mm,车槽 $\phi 7.8_{-0.01}^{+0.03}$ mm		
6		精车外圆 $\phi 9.8_{-0.03}^{0}$ mm,倒角 $C0.5$	端面和外圆	自动车床
7		反转工件		
8		粗车外圆 $\phi 4.6_{-0.04}^{0}$ mm		
9		钻孔 $\phi 2.7_{0}^{+0.006}$ mm,倒角 $C0.1$		
10		车槽 $\phi 3.6_{-0.01}^{+0.05}$ mm,精钻孔 $\phi 2.7_{0}^{+0.006}$ mm		
11	车	精车外圆 $\phi 4.6_{-0.04}^{0}$ mm,倒角 $C0.5$		
12	弹出工件			

由于该零件在自动车床一次上完成,实习时要注意工件的上下料过程,以及车→钻→车过程的转换。

5．十字轴零件加工工艺

图 3-38 所示为十字轴零件图,其加工工艺过程如表 3-6 所示。

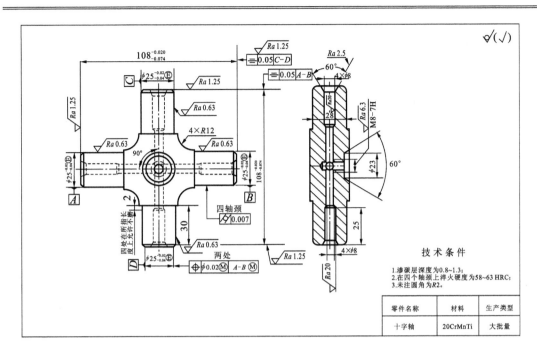

图 3-38 十字轴

表 3-6 大批量生产十字轴的加工工艺

工序	工序名称	安装	工 序 内 容	设备名称	定位及夹紧
1	锻		模锻, 喷丸清理	锻床	
2	热处理		正火		
3	铣		铣四个端面, 总长留加工余量 1 mm, 钻四个轴颈顶尖孔	两工位双端面专用机床	三个外圆轴颈
4	车		粗车四个轴颈, 留余量 1.5 mm, 倒角(安装四次)	车床	双顶尖孔
5	车		精车四个轴颈, 留余量 0.8 mm, 倒角(安装四次)	车床	双顶尖孔
6	磨		粗磨四个轴颈, 留余量 0.4 mm, 倒角(安装四次)	车床	双顶尖孔
7	磨		双砂轮径向进给无心磨削四个轴颈, 留余量 0.2 mm(安装两次)	无心磨床	轴颈外圆, 端面
8	钻		在四个轴颈上同时钻四个 $\phi 8$ mm、深 25 mm 的孔, 钻中间 M8-7H 螺纹孔小径	专用机床	轴颈外圆, 端面
9	钻		在四个轴颈上同时钻四个 $\phi 6$ mm 的孔, 孔口倒角 60°	专用机床	轴颈外圆, 端面

续表

工序	工序名称	安装	工 序 内 容	设备名称	定位及夹紧
10	钻		攻中间 M8-7H 螺纹	专用机床	轴颈外圆，端面
11	检验		中间检验		
12	热处理		渗碳深度 0.8～1.3 mm，淬火处理，硬度为 58～63 HRC(在轴颈上检查)		
13	磨		用无心磨床半精磨四个轴颈，留磨量 0.08 mm(安装两次)	无心磨床	同方向两轴颈
14	磨		用无心磨床精磨四个轴颈至尺寸要求(安装两次)	无心磨床	同方向两轴颈
15	磨	1	磨轴颈 $\phi25^{-0.02}_{-0.04}$ mm 一端	端面磨床	同方向两外圆、端面，另外圆素线
		2	转180°调头，磨另一端，至尺寸 108$^{-0.020}_{-0.074}$ mm，保证对称度要求(重复上面安装，磨削另外两个同轴的端面)	端面磨床	同方向两外圆、端面
16	检验				

(1) 加工工艺分析　该零件采用大批量生产方式，尺寸和形状位置精度都有一定要求。为保证质量和提高生产效率，多采用多轴多工位专用机床、专用夹具，以及高效率的半自动和自动通用机床及无心磨床。由于无心磨床用外圆面自身定位，不能纠正形状误差，为提高定位精度，首先安排磨削轴颈(工序 6)，从而提高了无心磨削的加工精度，但是这样又不能保证四个轴颈尺寸的一致性，所以接着工序 7 安排双砂轮无心磨削，为后面工序准备精确的定位精基准，保证了最终精度。端面的位置精度要求比较严格，所以安排在轴颈终加工，在到达了轴颈尺寸精度一致的条件下定位精度高，端面的加工精度也就容易保证了。

(2) 实习重点及步骤　重点观察无心磨床的加工过程，两工位双端面专用机床的工作过程，四个轴颈上同时钻四个孔的装夹特点及攻螺纹时退刀的特点。

3.3.2　套筒零件

一般套筒零件机械加工中的主要工艺问题是保证内外圆的相互位置精度，即保证内、外圆表面的同轴度以及轴线和端面的垂直度要求和防止变形。套筒零件由于功用、结构形状、材料、热处理以及尺寸不同，其工艺差别很大。按结构形状来分，套筒大体上分短套筒(如钻套)和长套筒两类。短套筒通常可在一次装夹中完成内、外圆表面及端面加工(车或磨)，工艺过程较为简单；长套筒加工工艺与短套筒相比，加工工艺较复杂。

1. 光套加工工艺

图 3-39 所示为光套零件图，其加工工艺过程如表 3-7 所示。

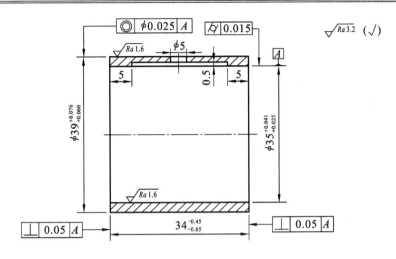

图 3-39　光套零件图

表 3-7　光套机械加工工艺过程

工序号	工序名称	工 序 内 容	工艺装备	定位基准
1	下料	(棒料)ϕ45 mm×40 mm	锯床	外圆
2	车	夹一端外圆,粗车外圆至ϕ42 mm,长 20 mm,粗车端面见平即可,钻孔ϕ30 mm,粗车内孔至ϕ33 mm	车床	外圆及端面
3	车	倒头夹ϕ42 mm 外圆,找正内孔,车外圆至ϕ42 mm,接上序ϕ42 mm,车端面保证总长 36 mm	车床	内孔
4	精车	用专用工装装夹工件,外圆找正,精车套内孔至图样尺寸$\phi35^{+0.041}_{+0.025}$ mm,精车端面,保证总长 35 mm,倒角。拉深 0.5 mm,长 24 mm 润滑槽	车床开口弹性夹套	外圆及端面
5	精车	用专用工装装夹工件,内孔定位,精车套外圆至图样尺寸$\phi39^{+0.076}_{+0.060}$ mm,精车另一端面并倒角,保证总长 $34^{-0.45}_{-0.65}$ mm 及外圆尺寸$\phi35^{+0.041}_{+0.025}$ mm	车床可胀心轴	内孔及端面
6	钳工	钻ϕ5 mm 油孔,孔轴线距套右端面 17 mm,注意孔与润滑槽的相对位置,去毛刺	钻床组合夹具或专用钻模	外圆及端面
7	检验	检查各部尺寸		
8	入库	入库		

(1) 加工工艺分析　该套为薄件,加工过程中容易产生变形,为减少工件变形,使用开口弹性夹套和可胀心轴。粗基准选择在加工余量小的内圆表面上,径向孔加工使用专用钻模。为保证同轴度采用内孔和外圆互为基准的原则。

(2) 实习重点及步骤　重点观察如何使工件在定位、夹紧和加工过程中不产生变形,使用的车床夹具、钻床夹具有何特点。观察可按成品→毛坯→粗车→精车步骤进行。

2. 矩形齿花键套加工工艺

图 3-40 所示为矩形齿花键套零件图。该零件的加工关键是：$\phi70^{+0.021}_{0}$ mm 与花键套内孔的同轴度公差为 $\phi0.03$ mm；$\phi120$ mm 右端面与花键套内孔中心线的垂直度公差为 0.04 mm；热处理要求硬度为 28～32 HRC；未注倒角为 C1。材料使用 45 钢。加工工艺过程如表 3-8 所示。

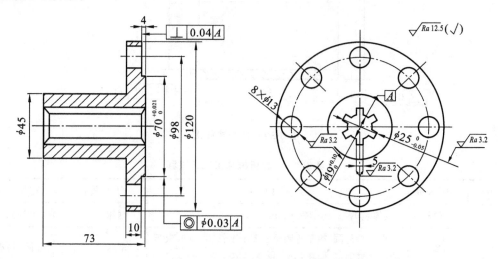

图 3-40　矩形齿花键套零件图

表 3-8　矩形齿花键套机械加工工艺过程

序号	工序名称	工　序　内　容	工艺装备
1	下料	棒料 $\phi80$ mm×90 mm	锯床
2	锻造	自由锻锻造尺寸为 $\phi50$ mm×63 mm＋$\phi125$ mm×18 mm	
3	热处理	正火处理	
4	粗车	夹 $\phi45$ mm 毛坯上一端外圆；车 $\phi120$ mm 外圆及端面，直径方向留加工余量 3 mm，长度方向留加工余量 3 mm；钻 $\phi13$ mm 孔	CA1640 车床
5	粗车	倒头，夹 $\phi120$ mm 外圆（实际工艺尺寸为 $\phi123$ mm，并以大端面定位，车 $\phi45$ mm 处毛坯外圆及端面，直径方向留加工余量 3 mm，总长留加工余量 3 mm	CA1640 车床
6	热处理	调质处理，硬度为 28～32 HRC	
7	精车	以 $\phi120$ mm 外圆及右端面定位，装夹工件，车 $\phi45$ mm 外圆及 $\phi120$ mm 左侧面至图样尺寸；车内孔，留加工余量 1.2 mm	CA1640 车床
8	精车	倒头，夹 $\phi45$ mm 外圆；找正 $\phi120$ mm 外圆左侧面，车 $\phi120$ mm 外圆及右端各部至图样尺寸；精车内孔至 $\phi19^{+0.10}_{0}$ mm	CA1640 车床
9	拉花键	以 $\phi70^{+0.021}_{0}$ mm 外圆及 $\phi120$ mm 右端面定位，装夹工件，拉花键 $6×5^{-0.05}_{-0.08}$ mm	L6120 拉床　专用拉刀

序号	工序名称	工 序 内 容	工艺装备
10	钻	以 $\phi 70^{+0.021}_{0}$ mm 外圆及 $\phi 120$ mm 右端面定位,装夹工件,钻 8× $\phi 13$ mm 的孔	Z3032 钻床、专用钻模或组合夹具
11	钳工	去毛刺	
12	检验	按图样要求检查各部尺寸及精度	
13	入库	入库	

(1) 加工工艺分析　该零件加工工序较多,对其加工工艺应予以仔细分析。

① 该工件锻造比比较大,很容易造成应力的分布不均,因此,锻造后进行正火处理,粗加工后进行调质处理,以改善材料的切削性能。该花键套定位盘部分直径为 $\phi 120$ mm,花键套外径部分为 $\phi 45$ mm,尺寸差距较大,在批量生产时为减少材料的浪费,采用锻件毛坯。

② 工序安排以设备上实际应用的尺寸 $\phi 70^{+0.021}_{0}$ mm 及 $\phi 120$ mm 右端面定位,装夹工件,进行花键套的拉削加工,达到设计基准、工艺基准及定位基准的统一。

③ 该矩形齿花键套为大径定心,采用拉削加工。

④ $\phi 70^{+0.021}_{0}$ mm 与花键套内孔的同轴度检查、$\phi 120$ mm 右端面与花键套内孔的垂直度检查,可利用 $\phi 19^{+0.10}_{0}$ mm 孔配装心轴后,在偏摆仪上用百分表检查。

⑤ 花键套键宽、大径、小径尺寸及等分精度的检查,可采用综合量规进行。

⑥ 钻 8 个 $\phi 13$ mm 的孔时为提高加工效率,采用钻模。钻模可以是盖板式的,也可是分度式的。

(2) 实习重点及步骤　重点应观察如何保证工件车削过程中工件的定位和钻孔方法,在钻削过程中所钻模的特点、拉削时所用拉刀的特点及拉削的定位方法。观察可按成品→毛坯→粗车→精车→拉削→钻削顺序进行。

3.3.3　齿轮零件

1. 齿轮零件加工工艺

齿轮的加工工艺过程一般包括以下内容:齿轮毛坯、齿面加工、热处理工艺及齿面的精加工。齿轮加工时,定位基准一般主要遵循互为基准和自为基准的原则。为保证加工质量,根据基准重合的原则,齿轮的装配基准和测量基准重合,而且尽可能地在整个加工过程中保持基准统一。

1) 齿轮毛坯的加工

齿轮毛坯的加工一般利用车削,分粗加工和半精加工进行。大批大量生产时,齿轮毛坯常在高效机床(如拉床、单轴、多轴半自动车床、数控车床等)组成的流水线上加工或自动加工。加工无孔齿轮时常采用外圆和端面定位,带孔齿轮一般选择内孔和一个端面定位。常使用自动定心夹具、气动三爪卡盘夹具和多刀加工。

(1) 中等尺寸的齿轮毛坯常采用的加工过程如下。

① 毛坯以外圆及端面定位钻孔、扩孔。

② 以待加工孔本身和端面定位拉孔（为便于拉孔，有时先粗车支承端面）。

③ 以内孔定位，将齿坯装在心轴上，在立式多轴半自动车床上粗、精车外圆、端面、切槽及倒角，如图 3-41 所示。

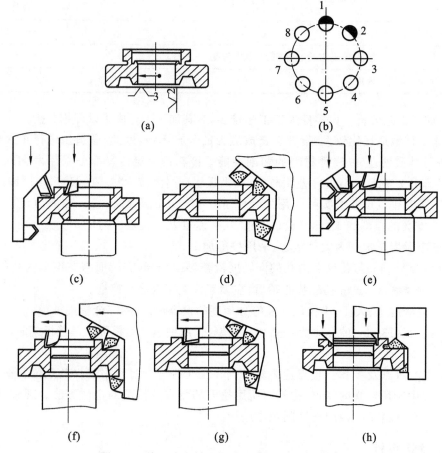

图 3-41　在立式多轴半自动车床上加工齿轮毛坯
(a) 齿轮毛坯工序图；(b) 加工工位图；(c) 粗车内外圆、端面；(d) 粗车端面；
(e) 半精车内外圆、端面；(f) 半精车内圆、端面；(g) 精车内外圆、端面；(h) 切槽及倒角

对于直径较大、宽度较小、结构比较复杂的齿轮毛坯，一般先加工出定位基准后，再选用立式多轴半自动车床加工外形。

对于直径较小、毛坯为棒料的齿轮毛坯，可在卧式多轴自动车床上，将齿轮毛坯的内孔和外形在一道工序中全部加工出来，如图 3-42 所示。也可以先在单轴自动车床上粗加工齿轮毛坯的内孔及外形，然后拉内孔和花键，最后装在心轴上，利用多刀半自动车床精车加工。

端面跳动要求较高的齿轮毛坯，在多刀、多轴的半自动机床上加工不易达到要求。通常需要采用精密的圆锥心轴或可胀心轴，在普通车床或磨床上对齿坯的基准端面进行精加工。

(2) 中等尺寸带花键孔齿轮的加工方案如下。

① 以齿轮毛坯外圆或凸出的轮毂定位，在普通车床或转塔车床上加工外圆、端面及内孔。

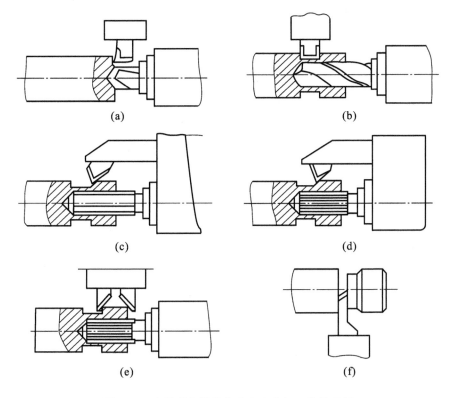

图 3-42　在卧式多轴半自动车床上加工齿轮毛坯
(a) 粗车外圆；(b) 车槽、钻孔；(c) 半精车外圆、粗铰孔；
(d) 精车外圆、半精铰孔；(e) 倒角、精铰孔；(f) 切断

② 以内孔定位，用端面支承拉出花键孔。

③ 以花键孔定位，装夹在心轴上，在普通车床上精加工外圆、端面及其他部分。

一般对于有圆柱形内孔的齿轮毛坯，内孔的精加工不一定采用拉削，应根据孔径大小采用铰孔或镗孔加工方式。外圆和基准端面的精加工，应以内孔定位装夹在心轴上进行精车或磨削，以保证端面圆跳动要求。对于直径较大、宽度较小的齿轮毛坯，可在车床上通过两次装夹完成，但必须将内孔和基准端面的精加工在一次装夹中完成。

2）齿面的粗加工

齿面的粗加工通常由滚齿（加工外齿）、插齿（加工内齿）、铣齿、刨齿面完成。

滚齿使用的夹具常为一面一销定位、螺纹夹紧的结构。铣齿加工是加工完一个齿后，工件退离铣刀，经分度再快速向铣刀靠近，加工下一个齿的齿端。分度时为避免分度误差，不采用顺序分度的方法。另外若铣齿轮为粗加工，精加工时常用粗加工的齿面作定位基准。当需要使用分度圆定位时，常利用三个圆柱作为定位元件放在轮齿的齿间进行定位。

3）热处理

齿面通常进行调质、渗碳淬火、齿面高频淬火等热处理。

4）齿面精加工

齿轮的精加工包含精修基准、精加工齿面（磨、剃、珩、研齿和抛光等）。

2. 直齿双联圆柱齿轮加工工艺

图 3-43 所示为一直齿双联圆柱齿轮的零件图,表 3-9 所示为该齿轮的加工工艺过程。

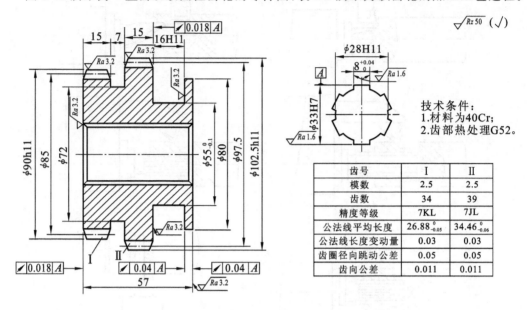

图 3-43 直齿双联圆柱齿轮

齿号	I	II
模数	2.5	2.5
齿数	34	39
精度等级	7KL	7JL
公法线平均长度	$26.88_{-0.05}^{0}$	$34.46_{-0.06}^{0}$
公法线长度变动量	0.03	0.03
齿圈径向跳动公差	0.05	0.05
齿向公差	0.011	0.011

技术条件:
1. 材料为40Cr;
2. 齿部热处理G52。

表 3-9 直齿圆柱齿轮加工工艺过程

工序号	工序名称	工序内容	定位基准	机床	刀具
1	锻造	毛坯锻造			
2	热处理	正火			
3	粗车	粗车外圆和端面(留余量 1~1.5 mm),钻、镗花键底孔到尺寸 $\phi28H11$ mm	外圆和端面	普通车床或半自动车床或六角车床	复合刀具
4	拉削	拉花键孔	$\phi28H11$ mm 孔和端面	拉床	拉刀
5	精车	精车外圆、端面和槽至图样尺寸要求	花键孔和端面	普通车床	
6	检验	检验齿坯各精度			
7	滚齿	滚齿($z=39$),留剃齿量 0.06~0.08 mm	花键孔和端面	滚齿机	滚刀
8	插齿	插齿($z=34$),留剃齿量 0.03~0.05 mm	花键孔和端面	插齿机	插齿刀
9	倒角	倒角(I、II齿圈12°牙角)	花键孔和端面	倒角机	
10	去毛刺	钳工			

续表

工序号	工序名称	工序内容	定位基准	机床	刀具
11	剃大齿	剃齿($z=39$),公法线长度至尺寸上限	花键孔和端面	剃齿机	剃刀
12	剃小齿	剃齿($z=34$),公法线长度至尺寸上限	花键孔和端面 A	剃齿机	剃刀
13	热处理	齿部高频淬火:G52			
14	拉孔	拉花键孔	花键孔和端面	拉床	拉刀
15	珩	珩齿	花键孔和端面	珩齿机	珩磨砂轮
16	检验	按图样要求检验			

(1) 加工工艺分析　从工艺过程看出,齿轮的工艺路线为:毛坯制造和热处理→齿轮毛坯加工→齿形加工→齿面加工→齿轮热处理→精基准修正→齿形精加工→检验。

(2) 实习步骤及重点　实习路线为:完成的齿轮成品→毛坯→车床(齿坯粗加工)→拉床(花键孔加工)→车床(齿坯精加工)→滚齿机(大齿粗加工)→插齿机(小齿粗加工)→倒角机(倒角)→剃齿机(齿半精加工)→热处理(齿部提高硬度)→拉床(花键孔修正加工)→珩齿机(硬齿面精加工)→检验。实习步骤及重点如下。

① 观察车间加工的齿轮成品。

② 分析齿轮的结构特点及各部位的加工要求。

③ 绘制零件草图,记录下各个加工部位。

④ 找到齿轮的毛坯放置点,分析毛坯特点。

⑤ 寻找每一道加工工序。

寻找加工工序时一般按照加工表面的形成方法和齿轮的加工工艺过程(齿轮毛坯加工→齿面粗加工→热处理→齿面的精加工)寻找,或按使用的机床类型寻找。

如表 3-9 所示的齿轮加工过程中工序 3、5 为齿轮毛坯加工阶段,工序 4 为基准加工阶段,工序 7、8 为齿面的粗加工阶段,后面的主要工序为精加工阶段。

⑥ 找到相应的加工工序后分析本工序的加工工艺系统特点,工序 3、5 使用了车削加工工艺系统,工序 4 使用的是拉床-拉刀-工件内孔自定位的工艺系统,工序 7 使用的是滚齿机-滚刀-内孔和端面定位夹具的工艺系统,工序 8 使用的是插齿机-插刀-内孔和端面定位夹具的工艺系统,工序 11 使用的是剃齿机-剃刀-内孔和端面定位夹具的工艺系统,工序 15 使用的是珩齿机-珩磨轮-内孔和端面定位夹具的工艺系统。

⑦ 分析加工过程的每一个步骤,如定位、夹紧方法及过程,特别是滚齿、插齿时是如何进刀退刀的,刀与工件的位置情况怎样,硬齿面与软齿面的精加工有何不同。

如齿轮加工过程中,工序 3 由于采用外圆和端面定位,当使用多刀加工时,应注意观察

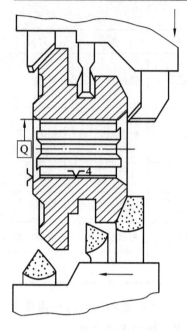

图3-44 在多刀半自动车床上加工齿轮毛坯

刀具调整位置特点,前置刀的前刀面向上,后置刀的前刀面向下,如图3-44所示。

工序7中滚齿使用的夹具常为一面一销定位、螺纹夹紧的结构。在该工序上注意观察滚刀轴线与工件轴线的相对位置应有一定的角度。加工初始位置刀的轴线高于工件上平面,加工完毕时刀的轴线低于工件的下平面,加工一个完整齿轮,旋转角度应大于一周。由此可知利用滚齿机不能加工内齿轮和多联齿轮的理由。工序7采用滚齿是为了提高加工效率,工序8采用插齿是因为用滚齿方式无法加工该双联齿轮中的小齿轮。

⑧ 观察质量检查方法,如当检查分度圆直径时,常利用圆柱作为间接测量元件放在轮齿的齿间进行测量。

⑨ 对整个加工过程进行分析,总结出正确的加工工艺过程,论证加工工艺规程制订原则在齿轮加工中的具体体现。如表3-9所示的齿轮加工过程中工序8采用了自为基准的原则,工序5、7、8采用了基准统一原则,工序12采用了基准重合原则。

思 考 题

1. 小件结构有哪些特点? 加工内容有哪些特点?

2. 小件加工使用的设备及工艺装备有何特点? 机床、夹具、刀具、工件之间是怎样联系的?

3. 批量生产小件时工艺特点是什么?

4. 短轴和长轴在加工过程中采取的措施有何不同,为什么? 现场采取了哪些措施?

5. 套类零件加工时的定位基准是什么,夹紧采取了哪些方式,应注意哪些问题? 现场是怎样防止变形的?

6. 钻模主要使用于哪些场合? 现场使用的钻模有何特点?

7. 齿轮的机械加工主要分为哪几个加工阶段?

8. 齿轮毛坯的工艺过程、技术要求和检验方法是什么?

9. 滚齿、插齿、铣齿、剃齿、珩齿、磨齿的加工特点是什么? 所采用的设备及其工作原理是什么?

10. 齿轮内孔和端面加工的设备及其特点是什么?

第4章　大件大批量零件生产车间实习

4.1　生产及管理特点

　　大件大批量零件生产主要是指对大型箱体、壳体的切削加工,具有加工零件体积大、批量大的生产特点。毛坯类型铸件采用金属模机器造型,锻件采用模锻或选用其他高生产率的毛坯制造法。毛坯精度高,加工余量小。

　　由于零件的体积大,加工面积大,因此常采用工序分散的加工方法,加工设备使用专用机床,并用流水线实现生产过程。生产时对每个工序加工都有详细的工艺规程,每个操作者在各个产品工序上做一样或几乎一样的工作,因此对操作工人技术水平要求低。加工时流水线上的设备要同时开启。

　　组合机床主要用于完成钻孔、扩孔、铰孔、镗孔、车外圆、铣平面等工作。在组合机床上加工工件时,一般都是保持工件不动而由刀具作主运动和进给运动,并可以用许多刀具同时从几个方面对工件进行加工,因此,能达到很高的工序集中程度。对于需完成较多工序的较大且较复杂的箱体零件,用组合机床加工可以获得最大的经济效益。为了完成工件的所有加工工作,可以将多台组合机床排列起来组成流水线,对大型箱体件一般采用滚道或固定式起重机送到工作者的手边。如果在组合机床流水线上,将工件运输、定位、夹紧以及机床之间的工件转位等全部实现自动化,就可组成组合机床自动线。

　　在组合机床自动线上加工,对工件毛坯的精度要求较高:如果加工余量过大,切削时刀具将会超负荷;加工余量较小,则不能完全切去工件硬皮或甚至于没有余量加工,这样,不但达不到预定的加工精度,而且会加速刀具的磨损,铸件表面上的白口、硬点、夹渣、砂眼等各种缺陷,也都容易使刀具损坏。

　　流水线上使用的工具、量具都是专用的,操作工人不需花太多时间去调整即可使用,如通规和止规。为了最大限度地实现工序集中,在自动线上常使用各种复合刀具,如钻扩复合刀具、钻铰复合刀具、钻螺纹底孔及孔口倒角的复合刀具等。工件的定位主要使用专用夹具,夹紧采用高效的夹紧装置。

　　采用组合机床自动加工能够显著地提高劳动生产率,大大地减轻劳动强度,改善劳动条件,并能减少操作工人数量,从而降低产品的工艺成本,也有利于保证和稳定产品质量。

　　一般来说,采用组合机床自动线加工的零件,必须要有足够大的生产批量,以便更早收回投资(一般在五年内),而且产品必须定型。

　　对刚性连接的组合机床自动线来说,如果其中任何一台机床发生故障,则将迫使全线机床停车,这样就会大大降低自动线的利用率。为了提高自动线利用率,可将自动线分成几个工区,在工区中间设置储料仓(实际上很可能就是一段较长的滚道)。当一个工区出现故障时,另一个工区照样可以进行加工。

　　刚性连接的组合机床自动线虽然有不少优点,但是却很难适应零件的多品种、小批量,不能满足产品不断更新的要求。由于更新产品几乎需要更新全部工艺装备,因此,既要保证产品的正常生产又要保证产品的不断更新,这是一个非常难巨的任务,解决这个困难的办法有两种:一是发展带可换调整装置的成组加工自动线,当需要更换工件时就重新调整自动线;另一种方向是发展由数控机床为主组成的柔性自动线并在自动线上也采用成组加工工艺,更换工件时仅需更换加工控制程序即可实现自动线的重新调整。

4.2　生产车间使用的设备及布置特点

4.2.1　生产车间布置特点

目前工厂大量生产流水线主要有刚性流水线(专用生产流水线、自动化生产流水线)和柔性流水线两种。刚性流水线多由通用机床、组合机床和专用机床组成,这种生产过程比较稳定,生产时被加工零件以一定的生产节拍,顺序通过各个工作位置,自动完成零件预定的全部加工过程和部分检测过程。因此,刚性流水线具有很高的自动化程度,具有统一的控制系统和严格的生产节奏,但柔性较差,当加工工件变化时,需要停机、停线,并对机床、夹具、刀具等工装设备进行调整或更换(如更换主轴箱、刀具、夹具等)。通常调整工作量大,停产时间较长。刚性流水线对具有长期的稳定性、对市场变化反应较慢的产品可大大提高生产效率,降低产品成本,但是要转换产品非常困难。

柔性流水线由高度自动化的多功能柔性加工设备(如数控机床、加工中心等)、物料输送系统和计算机控制系统等组成。这类生产线的设备数量较少,在每台加工设备上,通过回转工作台和自动换刀装置,能完成工件多方位、多面、多工序的加工,以减少工件的安装次数,减少安装定位误差。主要用于加工各种形状复杂、精度要求高的工件,特别是在当产品需要转型时能迅速灵活地加工出符合市场需要的产品,但建立这种生产线投资大,技术要求高。

流水线按工件的输送方式在车间的布置形式有:直接输送的生产线,包括直通式、折线式、旁通式三种形式;工件装在随行夹具上输送的生产线,有在水平面内返回、沿生产线的正上方返回、沿生产线的正下方返回、沿斜上方或斜下方返回四种方式。

图 4-1 为由组合机床组成的生产车间布置图。图 4-2 为由数控机床组成的柔性流水线车间布置图。图 4-3 所示为典型的柔性制造系统车间。图 4-4 所示为神龙汽车有限公司富康轿车发动机缸体加工自动线车间。

4.2.2　常使用的工艺装备及加工特点

加工大件大批量零件时,使用的设备大多为组合机床、数控镗铣床、数控加工中心,这些设备均为大型设备。

1. 组合机床

组合机床是根据工件加工要求,以通用部件为基础,配以按工件特定形状和加工工艺设计的专用部件和夹具而组成的半自动或自动专用机床。一般采用多轴、多刀、多工序、多面或多工位同时加工的方式,生产效率比通用机床高几倍至几十倍,加工精度稳定。加工时,工件一般不旋转,由刀具的旋转运动和刀具与工件的相对进给运动,来实现钻孔、扩孔、锪孔、铰孔、镗孔、铣削平面、切削内螺纹和外螺纹以及加工外圆和端面等。有的组合机床采用

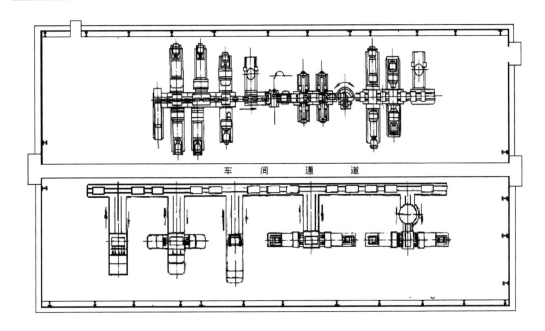

图 4-1　由组合机床组成的生产车间布置图

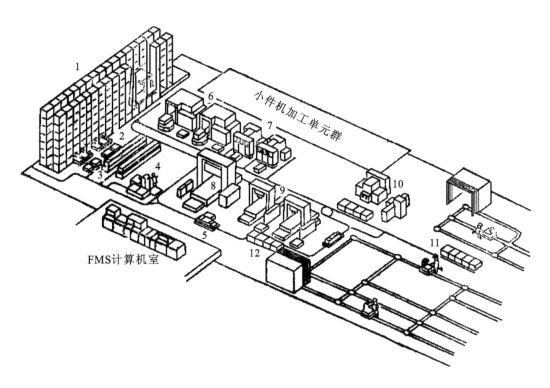

图 4-2　柔性流水线的车间布置图

1—自动仓库；2—安装站；3—托板库；4—检验机器人；5—无人小车；
6、7—卧式加工中心；8、9—立式加工中心；10—磨床；11、12—组装交付站

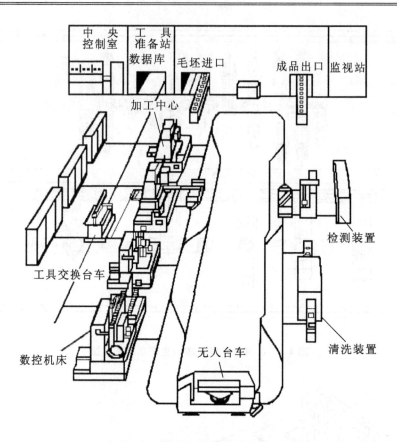

图 4-3　典型的柔性制造系统车间

图 4-4　神龙汽车有限公司富康轿车发动机缸体加工自动线车间

车削头夹持工件使之旋转,由刀具作进给运动,也可实现某些回转体类零件(如飞轮、汽车后桥半轴等)的外圆和端面加工。

1) 组合机床的组成

组合机床常用的通用部件有床身、侧底座、底座(包括中间底座和立柱底座)、立柱、动力箱、动力滑台、各种工艺切削头等。一些按顺序加工的多工位组合机床还具有移动工作台或回转工作台,如图 4-5 所示。

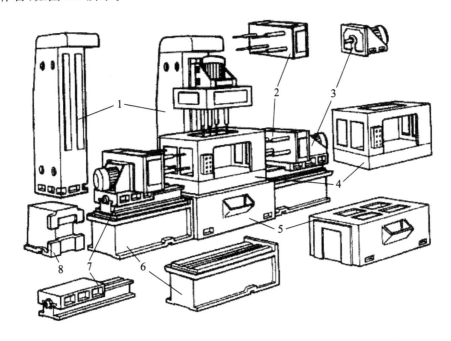

图 4-5 组合机床组成

1—立柱;2—主轴箱和刀具;3—动力箱;4—夹具;5—立柱底座;6—侧底座;7—动力滑台;8—中间底座

2) 组合机床的基本配置

组合机床的基本配置形式有卧式、立式、倾斜式,可分为单工位和多工位机床,也可分为回转工作台式、鼓轮式和中央立柱式等形式。图 4-6 至图 4-10 所示为各种不同形式的组合机床。

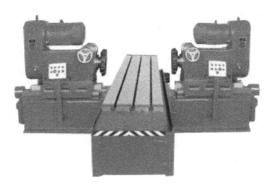

图 4-6 卧式双面单工位组合机床

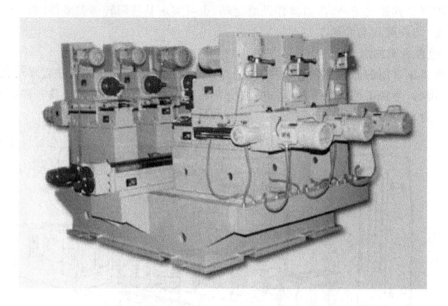

图 4-7　卧式双面钻、扩、铰三工位组合机床

图 4-8　立式组合机床

图 4-9　回转工作台式组合机床

图 4-10　倾斜式组合机床

3）组合机床配置的夹具

组合机床配置的夹具主要是专用夹具,需要根据加工工序的要求设计,因此,在流水线上见到的夹具类型非常多,加工箱体时使用最多的有钻模、镗模和具有一面两销定位装置的夹具。图 4-11、图 4-12 所示为镗削垂直孔时使用的镗模;图 4-13 所示为以主轴孔为粗基准铣顶面时所用的铣床夹具;图 4-14 所示为铣床夹具;图 4-15 所示为钻床夹具(钻模)。

图 4-11　镗削垂直孔时使用的镗模

图 4-12　镗模

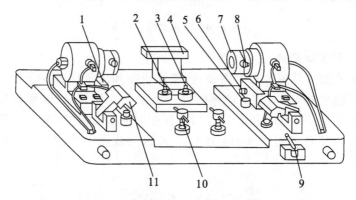

图 4-13　以主轴孔为粗基准铣顶面时所用的铣床夹具

1、3、5—支承;2—辅助支承;4—支架;6—挡销;7—短销;
8—活动支柱;9、10—操纵手柄;11—夹紧块

图 4-14　铣床夹具

图 4-15　钻床夹具(钻模)

2. 数控镗铣床与数控加工中心

数控镗铣床与数控加工中心的共同特点是,除具有普通铣床的工艺性能外,它们还具有加工形状复杂的二维乃至三维复杂轮廓的能力,适用于加工大、中型零件和箱形零件的粗、精镗孔,铣削等多种工序的加工。

1) 数控镗铣床

数控镗铣床有卧式、立式、龙门式等多种形式。

(1) 数控卧式铣镗床　如图 4-16 所示,数控卧式铣镗床的主轴轴线平行于水平面。数控卧式铣镗床适宜于工序较多的箱形零件孔及平面加工、外圆柱面的车削、孔内环形槽切削和利用丝锥攻公、英制螺纹等,还具有数控机床所具有的直角坐标系、极坐标系及轮廓加工的工艺机能。为了扩大加工范围和扩充加工功能,卧式数控镗铣床通常采用增加数控转盘或万能数控转盘(见图 4-17)来实现四坐标、五坐标加工。卧式数控镗铣床增加转盘后,可

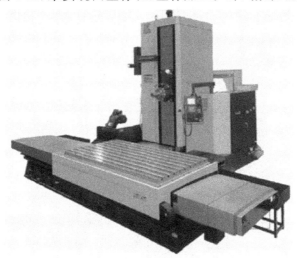

图 4-16　数控卧式铣镗床

以实现工件在一次安装中,通过转盘改变工位,进行"四面加工",如图 4-17 所示。对箱体类零件,选择带数控转盘的卧式铣床进行加工可取代卧式加工中心。万能数控转盘可以把工件上各种不同角度或空间角度的加工面摆成水平来加工,因此可以省去许多专用角度成形铣刀。

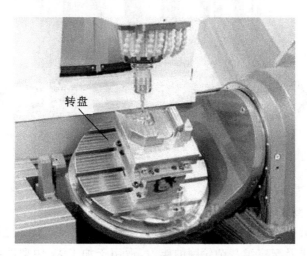

图 4-17 数控转盘

由于数控卧式铣镗床具有高刚度,并配置了闭环检测系统,能满足粗、精加工的要求,所以数控卧式铣镗床为数控高效、精密通用大型机加工设备。

(2) 数控立式铣镗床 数控立式铣镗床一般都采用纵向和横向工作台移动方式,且主轴为沿垂直溜板上下移动方式,大型立式数控镗铣床,一般采用龙门架移动式,其主轴可以在龙门架的横向与垂直溜板上移动,如图 4-18 所示。数控立式铣镗床适用于加工各种箱体、模具、板类等复杂零件,有可三坐标联动的立式数控镗铣床和只能进行任意两坐标联动的立式数控镗铣床,可以完成二维、三维曲面和斜面的精加工。在数控龙门镗铣床上配置直角铣头(见图 4-19)的情况下,可以在工件一次装夹下分别对五个面进行加工。

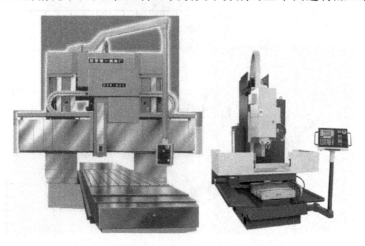

图 4-18 数控立式铣镗床

图 4-19　直角铣头

2）数控加工中心

数控加工中心带有刀库并能自动更换刀具，在工件一次装夹后，能自动地完成或者接近完成工件各面的所有加工工序。刀库中存放着不同数量的各种刀具或检具，在加工过程中由程序自动选用和更换。刀库有不同的形式，每种形式的刀库可以容纳的刀具数量差距较大，并在一定程度上决定了加工中心加工能力的大小，如图 4-20 所示。数控加工中心是目前世界上产量最高、应用最广泛的数控机床之一，它的综合加工能力较强，其效率是普通设备的 5～10 倍，特别是它能完成许多普通设备不能完成的加工，对形状较复杂、精度要求高的单件加工或中小批量多品种生产更为适用。

在加工中心上加工零件的特点是：被加工零件经过一次装夹后，数控系统能控制机床按不同的工序自动选择和更换刀具；自动改变机床主轴转速、进给量和刀具相对工件的运动轨迹及其他辅助功能，可连续地对工件各加工面自动地进行钻孔、锪孔、铰孔、镗孔、攻螺纹、铣削等多工序加工。由于加工中心能集中地、自动地完成多种工序，避免了人为的操作误差，可减少工件装夹、测量和机床的调整时间及工件周转、搬运和存放时间，能大大提高加工效率和加工精度，所以具有良好的经济效益。

加工中心按主轴在空间的位置可分为立式加工中心、卧式加工中心和复合加工中心，按主轴数量分有三轴加工中心、四轴加工中心、五轴加工中心。

三轴加工中心（无论是立式还是卧式），由于具有自动换刀功能，适用于多工序加工如箱体等需要铣、钻、铰及攻螺纹等多工序加工的零件。

四轴加工中心在 X、Y 和 Z 三个平动坐标轴基础上增加了一个转动坐标轴（A 或 B），且四个轴一般可以联动。其中，转动轴既可以带动刀具（刀具摆动型），也可以带动工件（工作台回转/摆动型）运动，因此，四轴加工中心加工可以获得比三坐标加工更广的工艺范围和更好的加工效果。

五轴加工中心具有两个回转坐标轴。相对于静止的工件来说，两个回转坐标轴的运动

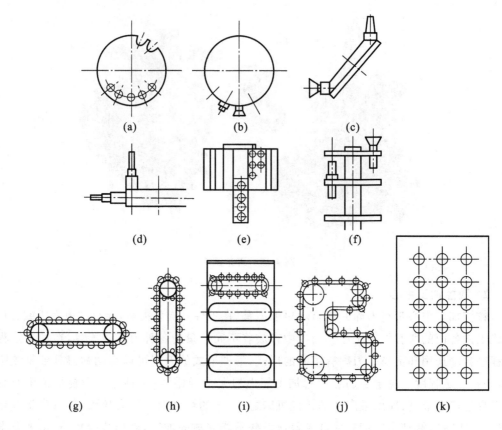

图 4-20   刀库形式

(a)、(b)、(c)、(d)、(e)、(f) 盘式刀库；(g)、(h)、(i)、(j) 链式刀库；(k) 格子式刀库

合成可在一定的空间(受机构结构限制)内任意控制刀具轴线的方向,从而具有保持最佳切削状态及有效避免刀具干涉的能力。因此,五轴加工中心又可以获得比四轴加工中心更广的工艺范围和更好的加工效果,特别适宜于三维曲面零件的高效、高质量加工以及异型复杂零件的加工。采用五轴联动方式加工三维曲面零件,可用刀具最佳几何形状进行切削,这样不仅加工表面粗糙度低,而且效率也有大幅度提高。一般认为,一台五轴联动机床的效率可以等于两台三轴联动机床的,特别是使用立方氮化硼等超硬材料铣刀进行高速铣削淬硬钢零件时,五轴联动加工可比三轴联动加工发挥更高的效益。

(1) 卧式加工中心   如图 4-21 所示,卧式加工中心的主轴轴线与工作台平行设置。卧式加工中心一般具有分度转台或数控分度转台,可实现四面加工,若主轴方向可换,则可实现五面加工,因而能够一次装夹完成更多表面的加工,特别适合于复杂的箱体、泵体、阀体、壳体等各类零件的加工。

(2) 立式加工中心   立式加工中心是指主轴轴线与工作台垂直设置的加工中心,主要适用于加工板类、盘类、模具及小型壳体类复杂零件。立式加工中心一般不带转台,仅做顶面加工,如图 4-22 所示。

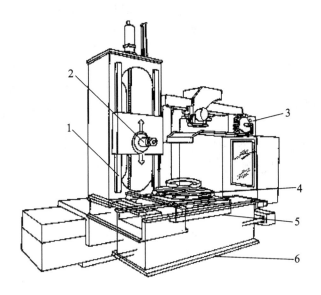

图 4-21　卧式加工中心

1—立柱；2—主轴；3—刀库；

4—工作台；5—工作台底座；6—床身

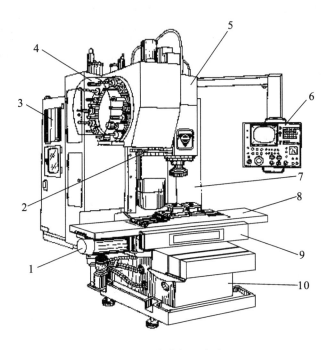

图 4-22　立式加工中心

1—X 轴直流伺服电动机；2—换刀机械手；3—数控柜；4—盘式刀库；

5—主轴箱；6—操作面板；7—驱动电源柜；8—工作台；9—滑座；10—床身

（3）复合加工中心　此种加工中心是主轴能调整成卧轴或立轴的立卧可调式加工中心，它们能对工件进行五个面的加工。复合加工中心如图4-23所示。

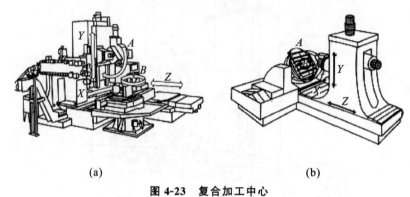

(a)   (b)

图4-23　复合加工中心

(a) 主轴可做90°旋转；(b) 工作台带工件可做90°旋转

3）数控机床刀具

为使数控机床能进行各种零件的加工，必须配备各种类型的刀具。加工中心还常配有一些附件，包括数控回转工作台或数控分度头、对刀器和工件测量头，附属设备主要有机外对刀仪。加工中心与附件结合可以大大扩展加工范围。数控加工刀具一般包括通用刀具、通用连接刀柄及少量专用刀柄。刀柄要连接刀具并装在机床动力头上，因此已逐渐标准化和系列化。数控刀具的分类有多种方法。根据刀具结构分有整体式、镶嵌式、焊接式或机夹式。机夹式又可分为不转位和可转位两种，特殊形式的刀具有复合式刀具、减振式刀具等。刀具一般由拉钉、刀柄、夹头和刀具等组成，整体结构如图4-24所示。

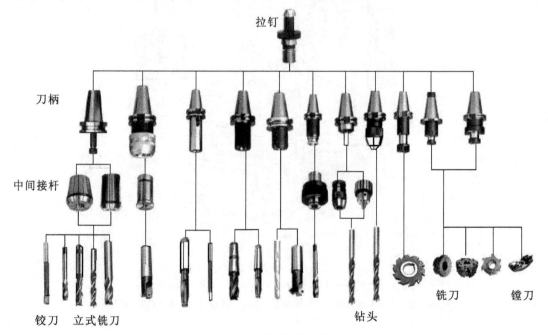

图4-24　数控机床刀具

数控机床刀具对刀柄的要求较多,由于镗铣类数控机床使用的刀具种类繁多,而每种刀具都有特定的结构及使用方法,要想实现刀具在主轴上的固定,必须有一中间装置,该装置必须能够装夹刀具又能在主轴上准确定位。装夹刀具的部分(直接与刀具接触的部分)称为工作头,而安装工作头直接与主轴接触的定位部分就称为刀柄。加工中心一般采用7:24锥柄,这是因为这种锥柄不自锁,并且与直柄相比有较高的定心精度和刚度,可以顺利进、出刀库。数控车床刀柄要配上拉钉才能固定在主轴锥孔上,刀柄与拉钉都已标准化,对不同的机床要选择相应的刀柄及拉钉。

4) 数控机床夹具

数控机床对夹具的要求比较简单,单件生产时一般采用通用夹具。当批量生产时,为了节省加工工时,应使用专用夹具。数控机床的夹具应定位可靠,可自动夹紧或松开工件。夹具还应具有良好的排屑、冷却性能。常见的典型数控机床夹具如图 4-25 所示。

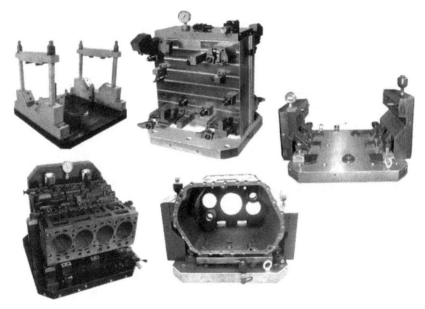

图 4-25　典型数控机床夹具

4.3　零件加工工艺分析

4.3.1　箱体零件加工

箱体是用来支承或安置其他零件或部件的基础零件。它将机器和部件中的轴、套、齿轮等有关零件连接成一个整体,并使之保持正确的相互位置,以传递转矩或改变转速来完成规定的动作。箱体的壁厚较薄,为 10～30 mm,且壁厚不均匀,形状比其他零件复杂。尽管箱体零件的结构形状随其在机器中的功用不同而有很大差别,但其也有共同的特点:内部呈腔形,在箱体壁上有多种形状的凸起平面及较多的轴承孔和紧固孔。这些平面和轴承孔的精度及粗糙度要求较高,且有较高的相对位置精度要求。箱体零件主要加工表面是平面和孔系。在箱体零件加工生产线上常采用先基准后其他、先面后孔、先粗后精的加工原则,螺纹孔最后加工。这样安排,可以首先把铸件毛坯的气孔、砂眼、裂纹等缺陷在加工平面时暴露出来,以减少不必要的工时消耗。此外,以平面为定位基准加工内孔可以保证孔与平面、孔与孔之间的相对位置精度。螺纹底孔加工、攻螺纹安排在生产线后段工序,能缩短工件输送距离,防止主要表面拉伤。

箱体加工时的基准选择包括粗基准和精基准。粗基准常有两种方式。其一,为了保证主要轴承孔的加工余量均匀,箱体内零件间有足够的装配间隙,以轴承孔作为粗基准。此方式夹具结构复杂,零件定位后需要加辅助支承,工件稳定性较差。其二,利用在箱体毛坯上铸出的作为粗基准的工艺凸台,该工艺凸台到主要工作表面的毛坯面有严格的尺寸和公差要求,选择它作为粗基准可保证主要加工平面及轴承孔有足够的加工余量,并使加工余量均匀,工件定位稳定。精基准常使用重要的平面和垂直于该面上的两个工艺孔,一般为箱体的安装面或结合面和安装螺栓孔,即以一面两销作为精基准。此方案可使夹具结构简单、装夹工件方便可靠。

4.3.1.1 气缸体加工

图 4-26 为气缸体结构图,它是内燃机总装时的基准零件,内燃机的许多零件、组件、部件均通过气缸体而连接成一个整体。气缸体结构很复杂,内部有冷却水腔和油道,有许多安装平面和安装孔,还有很多螺栓孔、油孔、清砂孔等。气缸体的加工质量将直接影响发动机的装配质量和使用性能。

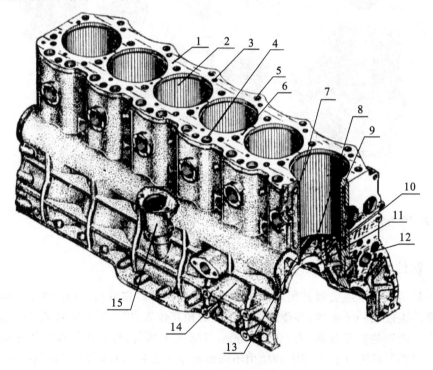

图 4-26　气缸体结构图

1—机体;2—气缸;3—水孔;4—气门推杆孔;5—缸盖螺孔;6—水孔;7—水套;8—横隔板;9—水套;
10—主轴承盖;11—曲轴主轴承座孔;12—主油道;13—凸轮轴室;14—机体侧壁;15—机油泵安装座

1. 气缸体加工的主要技术要求分析

图 4-27 为气缸体简图,顶面、底面、缸套孔、曲轴主轴承座孔、凸轮轴轴承孔等之间都有严格的技术要求。

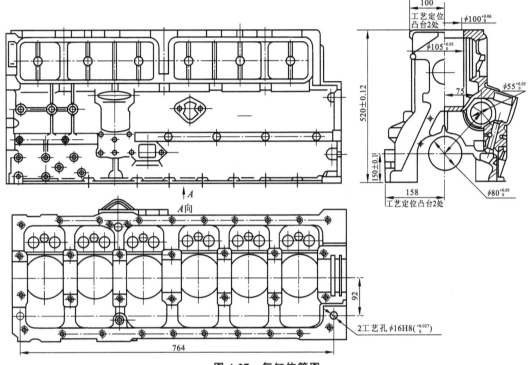

图 4-27 气缸体简图

1)孔本身的尺寸精度、表面形状精度和粗糙度

各曲轴主轴承座孔直径为 $80^{+0.03}_{0}$ mm,相互之间的平行度为 0.03 mm,相邻两主轴承座孔同轴度为 $\phi 0.01$ mm,表面粗糙度为 Ra 1.6 μm;各凸轮轴轴承孔直径为 $55^{+0.03}_{0}$ mm,同轴度为 $\phi 0.06$ mm,表面粗糙度为 Ra 3.2 μm;加衬套后各凸轮轴轴承孔直径为 $51.5^{+0.03}_{0}$ mm,同轴度为 $\phi 0.04$ mm,表面粗糙度为 Ra 3.2 μm;气缸孔底孔直径为 $105^{+0.03}_{0}$ mm,表面粗糙度为 Ra 1.6 μm;加缸套后气缸孔直径为 $100^{+0.06}_{0}$ mm,圆柱度为 0.01 mm,表面粗糙度为 Ra 0.4 μm;推杆孔直径为 $27^{+0.075}_{+0.045}$ mm,表面粗糙度为 Ra 0.8 μm。

2)主要平面的平面度和表面粗糙度

顶面的平面度为 0.1 mm,且在 100 mm 长度内 0.04 mm,表面粗糙度为 Ra 3.2 μm;底面平面度为 0.2 mm,且在 100 mm 长度内 0.05 mm,表面粗糙度为 Ra 3.2 μm;前、后端面平面度为 0.10 mm,表面粗糙度为 Ra 3.2 μm。

2. 气缸体材料与毛坯

气缸体毛坯采用灰铸铁 HT200,硬度为 170～240 HBS。灰铸铁具有较好的耐磨性、减振性以及良好的铸造性能和切削性。

气缸体是汽车中最复杂的零件,它不仅有许多加工精度要求很高的表面,而且还有很多复杂的内腔,外部和内部壁厚都相当薄且有很多加强肋,因此,气缸体毛坯的造型相当复杂,在大批量生产中都采用金属模机器造型。

3. 气缸体的机械加工工艺过程

气缸体加工主要在缸体生产线上进行。气缸体生产线除完成各加工表面的粗、精加工外，还完成有关的装配、检验、清洗等工序，形成一条综合性的生产线，其中不少加工阶段是由组合机床构成的自动生产线完成的，Q6100.Ⅰ型发动机气缸体机械加工生产线共有一百多道工序，其主要工序见表 4-1。

表 4-1　气缸体加工工艺过程(大批量生产)

工序号		工序内容	定位基准	设备
1	Ⅰ	拉削底平面、对口面、锁口面、半圆面	6个小平面	平面拉床
	Ⅱ	拉削顶面、窗口面	底平面及4个定位凸台	
2		精铣底平面	顶面	立式转盘铣床
3	Ⅰ	钻底平面上两定位销孔，倒角	底面及侧面	钻铰组合机床
	Ⅱ	铰定位销孔		
4		粗铣前、后端面	底面及两定位销孔	双面卧式组合机床自动线
5		精铣前、后端面		
6、7、8		加工两侧的平面和凸台	底面及两定位销孔	组合机床自动线
9		粗铣主轴承座端面	底面及两定位销孔	组合机床自动线
10		精铣主轴承座端面		
11		铣油封槽及回油槽		
12		铣锁口槽，侧面钻深油孔		
13		钻机油泵孔，第二次钻深油孔		
14		第二次钻机油泵孔，第三次钻深油孔		
15		钻传动轴轴承孔		
16、17、18、19、20、21		加工前、后端面螺孔，定位销孔，凸轮轴轴承孔，出砂孔，主油道孔	底面及两定位销孔	组合机床自动线
22、23、24、25、26、27、28		加工顶平面螺孔、推杆孔、水孔、定位销孔；侧面钻横油道孔	底面及两定位销孔	组合机床自动线
29、30、31、32、33、34、35		钻斜油孔、挺杆孔、回油孔、螺纹底孔和攻螺纹	底面及两定位销孔	组合机床自动线
36		清洗		清洗机
37		粗镗缸孔上半截	底面及两定位销孔	立式六轴镗床自动线
38		粗镗缸孔下半截		

续表

工序号	工 序 内 容	定 位 基 准	设　备
39	钻分电器面螺纹孔	底面及两定位销孔	组合机床自动线
40	钻放水孔		
41	攻分电器面螺纹孔		
42	攻放水螺纹孔		
43	粗镗缸孔	底面及两定位销孔	立式六轴镗床自动线
44	半精镗缸孔		
45	切缸孔止口		
46	精镗缸孔	底面及两定位销孔	金刚镗床
47	加工分电器孔	底面及两定位销孔	组合机床自动线
48	钻传动轴轴承孔、出砂面孔		
49	钻传动轴端面及出砂面孔端面上螺纹孔并攻螺纹		
50	气压试验		试验机
51	清洗		清洗机
52	压缸套		压床
53	粗拉主轴承座对口面、锁口面	底面及两定位销孔	卧式拉床
54	装配主轴承瓦盖		
55	镗主轴承座孔(7个)、凸轮轴轴承孔(5个)	底面及两定位销孔	单面卧式镗床
56	半精镗主轴承座孔、凸轮轴轴承孔	底面及两定位销孔	单面卧式镗床
57	铰凸轮轴轴承孔5个	底面及两定位销孔	组合机床
58	清洗		清洗机
59	压凸轮轴衬套		压床
60	精镗主轴承座孔	底面及两定位销孔	单面卧式镗床
61	钻底面水孔(28个)	底面及两定位销孔	组合机床自动线
62	扩分电器孔及传动轴轴承孔		
63	镗分电器孔及传动轴轴承孔		
64	铰分电器孔及传动轴轴承孔		
65	粗车第四主轴承座止推面	底面及两定位销孔	组合机床自动线
66	精车第四主轴承座止推面	底面及两定位销孔	组合机床自动线
67	铰主轴承座孔	底面及两定位销孔	组合机床自动线

续表

工序号	工序内容	定位基准	设备
68	扩推杆孔	底面及两定位销孔	组合机床自动线
69	镗推杆孔		
70	铰推杆孔		
71	压推杆孔衬套		压床
72	挤推杆衬套孔	底面及两定位销孔	组合机床
73	清洗		清洗机
74	精车油封槽及回油槽	底面及两定位销孔	
75	缸孔上口倒角	底面及两定位销孔	立式六轴倒角机
76	精镗缸孔	底面及两定位销孔	立式六轴镗床
77	珩磨缸孔	底面及两定位销孔	珩磨机
78	清洗		清洗机
79、80、81、82	加工油底壳面螺孔	底面及两定位销孔	组合机床自动线
83	精铣顶平面	底面	立式转盘铣床
84	清洗、漂洗、烘干		高压清洗机
85	压5个堵盖		
86	压前、后堵盖		
87	气压试验(检查堵盖密封质量)		
88	装离合器壳体		
89	精镗离合器壳体中心孔		特种车床
90	清洗		清洗机
91	最终检查		

4. 气缸体加工工艺过程分析

气缸体的加工表面很多,主要是一些孔和平面,通常平面的加工精度较易保证,而精度要求较高的各主要孔(曲轴主轴承座孔、气缸孔、凸轮轴轴承孔等)本身的精度及相对位置精度则较难保证。所以在确定气缸体加工工艺过程时,应将如何保证孔的精度作为重点。

1) 定位基准选择

(1) 粗基准选择   加工气缸体所用的粗基准,应保证曲轴主轴承座孔、气缸孔、凸轮轴轴承孔等的加工余量均匀及其位置精度,一般是选两端的曲轴主轴承座孔和一个气缸孔作为粗基准(见图 4-28(b))。

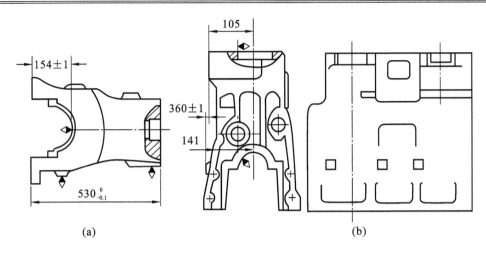

图 4-28　气缸体加工的粗基准

由于气缸体的形状复杂、铸造误差较大、铸件表面不平等原因,如果一开始就用粗基准定位加工作为精基准的大面积平面,则由于切削力较大而必须有较大的夹紧力,容易使工件变形。同时,因粗基准粗糙不平,工件切削时也容易受振动而松动。因此,通常都采用面积小但分布距离较远的几个工艺凸台作为过渡的精基准(见图 4-28(a)),即先用粗基准加工出几个工艺凸台,然后以这几个工艺凸台定位,加工出所需要的精基准。工艺凸台可以铸造出来,铸造质量较高时,工艺凸台不加工即可使用。正是由于上述原因,加工气缸体时就是选用四个工艺凸台作为过渡精基准来粗、精拉削底平面和其他表面作为后序加工的精基准。

(2)精基准选择　由于气缸体的底面为顶面、上止口面、主轴承座对口面和主轴承座孔的设计基准,因此,以底面作为精基准来加工顶面、上止口面和曲轴主轴承座孔是符合设计基准与定位基准重合原则的,同时,主轴承座孔又为凸轮轴轴承孔的设计基准,采用镗模加工,凸轮轴轴承孔的位置精度是可以保证的,因此,该气缸体的加工是选底面及其上的两个工艺孔作为精基准的。

采用"一面两孔"作精基准加工气缸体时,可以完成绝大多数的加工工序,而且还可以统一夹具的类型,适合于在自动线上进行加工。

2)气缸体加工工艺过程特点

气缸的主要加工表面是平面和孔系,气缸体加工中最关键的是外表面加工、定位基准面加工和气缸孔加工的有关工序。因此,加工过程中的主要问题是如何保证孔的尺寸精度和位置精度,以及如何处理好孔和平面之间的相互关系。该缸体零件主要表面的加工工艺路线主要体现了以下几个特点。

(1)先面后孔,先基准后其他　加工缸体时,采用了先加工基准平面,再以基准平面定位加工其他平面,然后再加工孔系的方法。这是由于平面面积较大,定位稳固可靠,减少安装变形,有利于保证孔的加工精度。其次,先加工平面可以先消除铸件表面的凹凸,为提高孔加工精度创造了条件,便于对刀及调整,也有利于保护刀具。

(2)粗、精分开　由于气缸体零件结构形状复杂,刚度低、加工精度要求高,粗加工时切削力、切削热均较大,工件受力、受热极易产生应力和变形。粗、精加工分阶段进行,精加工时就可以减小夹紧力,并且中间可停留一段时间,有利于使应力消失,可以稳定加工精度,同时还可以根据粗、精加工的不同要求合理地选用设备,及时发现毛坯缺陷,剔除废品,避免工时浪费。

(3) 工序集中 在大批大量生产缸体零件的流水生产线上,广泛使用了组合机床、专用机床、组合机床自动线和高效率的拉床,使工序集中,这样不仅有效地提高了生产率,还把一些相关工序集中在同一工位和同一台机床上进行,有利于保证各表面之间的位置精度。

气缸体加工的主要工序可分为两个阶段。在第一阶段,把气缸体底平面及其两个工艺孔加工出来,为第二阶段提供精基准,再用这个精基准定位,进行第二阶段的加工。第二个阶段是气缸体加工的关键,主要是完成主轴承座孔以及与它相对位置精度要求较高的表面加工,保证主要加工表面(如主轴承座孔、气缸孔等)最后达到零件图的技术要求。

该气缸体的孔和平面的粗、精加工顺序,基本上是按粗、精加工平面→粗、精加工孔的方案进行。即把底平面,前、后端面,推杆室窗口面等的粗、精加工放在主要孔的粗、精加工之前进行,但对于技术要求较高的顶面,为避免其在夹紧和运输过程中受到影响和破坏,将顶面的精加工放在主要孔精加工之后进行。

其他一些次要工序,例如螺纹孔和孔的倒角等,分别穿插在第一、二阶段中进行,还有一些工序,如清除切屑、去除毛刺、清洗等,与产品质量关系甚大,也应给予足够的重视。

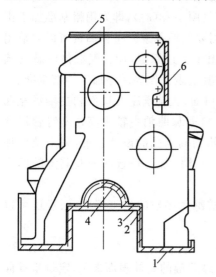

图4-29 拉削加工气缸体平面部位示意图
1—底平面;2—锁口面;3—对口面;
4—半圆面;5—顶面;6—窗口面

(4) 外表面采用拉削加工 缸体的外表面结构复杂,需加工的表面有顶面、底面、窗口面等几个大平面及由半圆面、锁口面、对口面等组成的成形表面,要完成这些表面加工,传统工艺采用以镗削、铣削为主的方案。例如第一汽车制造厂就用了由13台镗、铣床组成的生产线来加工。第二汽车发动机厂采用往复式拉削工艺,使生产率提高、设备投资减少、加工质量稳定。往复式平面大拉床由济南第二机床厂和大连组合机床研究所设计制造,采用侧面往复拉削方式,专门用来粗加工、半精加工气缸体的底平面1、锁口面2、对口面3、半圆面4、顶面5和窗口面6,如图4-29所示。

4.3.1.2 变速箱体加工

1. 变速箱体的功用及结构特点

变速箱体的主要作用是支承各传动轴,保证各轴之间的中心距及平行度并保证变速箱部件与动力装置的正确安装。变速箱体零件质量的优劣,将直接影响到轴和齿轮等零件相互位置的准确性,及使用的灵活性和寿命。变速箱体是典型的箱体类零件,其形状复杂、壁薄,需加工多个平面、孔系和螺孔等,刚度低,受力、热等因素影响易产生变形和振动。图4-30为变速箱体零件图。

2. 变速箱体的技术要求分析

(1) 孔的尺寸精度及几何形状精度 变速箱体孔系是用来安装滚动轴承的,其孔径公差精度等级为IT7。

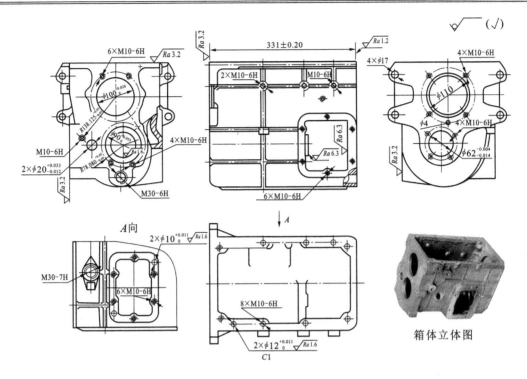

图 4-30　变速箱体零件图

（2）孔距公差　箱体孔的中心距偏差由齿轮传动中心距偏差标准规定，变速箱体的孔中心距偏差为 ±0.05 mm。

（3）孔中心线的平行度　孔中心线的平行度与齿轮传动精度及齿宽等因素有关，变速箱体的孔中心线平行度公差等级为 6 级。

（4）端面对孔中心线的全跳动及圆跳动　变速箱体的前端面是变速箱的安装基准，变速箱的 I 轴与发动机输出轴连接，因此，对端面的要求较高，零件图上标注的端面全跳动为 0.08 mm，后端面仅安装轴承盖，其端面圆跳动公差为 0.1 mm。

（5）各主要加工表面的粗糙度　变速箱体各支承孔的表面粗糙度为 Ra 1.6 μm，装配基面，定位基面及其余各平面的表面粗糙度为 Ra 3.2 μm。

（6）各表面上螺孔的位置度　变速箱体各表面上的螺孔均有位置度要求，其位置度公差为 0.15 mm。

3. 变速箱体的材料与毛坯

变速箱体外部轮廓及内腔形状复杂，故毛坯材料选用易成形、吸振性好、加工工艺性好和成本低的灰口铸铁，图 4-30 所示变速箱体材料为 HT200。

变速箱体的主要支承孔在铸造时铸出，但倒挡轴孔及油塞孔和加油孔等孔径在 30 mm 以内的孔，在铸件上就不预先铸出。

4. 变速箱体的机械加工工艺过程

变速箱体的主要加工表面有轴承孔系及其端面、平面（包括工艺定位平面）、螺纹孔及销孔（包括定位销孔）等，其加工生产线由 6 台专机和 1 条自动线组成，自动线由 9 台双面卧式组合机床与 1 台单面卧式组合机床、23 个液压站、9 个电器箱和 2 个操纵台组成。该自动线有 12 个加工工位、2 个检查工位、1 个上料工位和 1 个下料工位,工件由步伐式输送带传送,每个加工位置都设有定位导轨及活动定位销,采用一面两销形式定位。该自动线按设计纲领可年产 125 000 件,每班 180 件。切屑由自动线下面的循环输送装置自动排除,自动线可进行全自动、半自动、单机调整等各种控制。变速箱体加工工艺过程如表 4-2 所示。

表 4-2 变速箱体加工工艺过程

工序号		工序内容	定位基准	设备
1		粗、精铣上盖结合面	输入、输出轴支承孔及中向轴孔	双轴立式铣床
2		在上盖结合面上钻、铰孔及攻螺纹	上盖结合面,输入、输出轴支承孔及后端面	三工位组合机床
3		粗铣前、后端面	上盖结合面及两定位销孔	组合铣床
4		粗铣两侧窗口及凸台面	上盖结合面及两定位销孔	组合铣床
5	Ⅰ	钻前、后端面孔	上盖结合面及两定位销孔	组合机床自动线
	Ⅱ	钻前、后端面孔		
	Ⅲ	检查孔深度		
6		在回转台上回转 90°		
7	Ⅰ	钻两侧窗口面上的螺纹底孔		
	Ⅱ	检查孔深度		
8		粗铣倒挡轴孔内端面、钻加油孔		
9		粗镗前、后端面支承孔、扩倒挡轴孔		
10		校正窗口面定位孔		
11		精镗前、后端面支承孔、铰倒挡轴孔		
12		精铣两侧窗口面	输入、输出轴支承孔、中间轴孔及后端面	
13	Ⅰ	前、后端面螺孔攻螺纹	上盖结合面及两定位销孔	
	Ⅱ	前、后端面螺孔攻螺纹		
14		精铣倒挡孔内端、攻油孔 M30 mm 螺纹		
15		两侧窗口面螺孔攻螺纹		
16		精铣前、后端面	输入、输出轴支承孔及一个定位销孔	组合铣床
17		去毛刺		
18		清洗		清洗机
19		终检		

5. 变速箱体加工工艺过程分析

1）变速箱体加工定位基准的选择

（1）粗基准选择　粗基准选择应当满足：①保证各主要支承孔的加工余量均匀；②保证装入箱体的零件与箱壁有一定的间隙。

为了满足上述要求，应选择变速箱体的主要支承孔作为主要基准，即以变速箱体的输入轴和输出轴的支承孔为粗基准，也就是以前、后端面上距上盖结合面最近的孔作主要基准以限制工件的四个自由度，再以另一个主要支承孔定位限制第五个自由度。由于是以孔作为粗基准加工精基准面，因此，以后再用精基准定位加工主要支承孔时，孔加工余量一定是均匀的。由于孔的位置与箱壁的位置是用同一型芯铸出的，因此，孔的余量均匀也就间接保证了孔与箱壁的相对位置。

（2）精基准选择　从保证箱体孔与孔、孔与平面、平面与平面之间的位置关系考虑，精基准的选择应能保证变速箱体在整个加工过程中基本上都能用统一基准定位。从图 4-30 所示变速箱体零件图分析可知，它的上盖结合面与各主要支承孔平行而且占有的面积较大，适于作为基准使用，但用一个平面定位仅能限制工件的三个自由度，如果使用典型的一面两孔定位方法，则可以满足在整个加工过程中基本上都能采用统一基准定位的要求。至于前端面，虽然它是变速箱体的装配基准，但因为它与变速箱体的主要支承孔系垂直，如果用来做精基准加工孔系，在定位、夹紧以及夹具结构设计方面都有一定困难，一般不采用。

用统一的一面两销定位基准定位，易于保证各加工表面之间的位置精度，简化夹具设计和制造工作，缩短生产准备时间，特别是在自动线上可直接定位，省去了随行夹具，并可加工除定位面以外的五个面上的孔和平面，此外，一面两销定位还易于实现定位与夹紧的自动化。

在精铣两侧窗口面时，没有使用一面两销定位，而使用精镗后的轴承孔和端面定位。这样能更可靠地保证变速箱结合面与中间轴承孔的平行度（平行度公差 0.08 mm）。

在精铣前、后端面时，为保证前、后端面与主轴承孔垂直度，因而采用精镗后的主轴承孔定位。

2）变速箱体加工工艺路线的分析

变速箱体的主要加工表面是平面和孔系，一般来说，保证平面的加工精度要比保证孔的加工精度容易，因此，对变速箱体来说，加工过程中的主要问题是保证孔的尺寸精度及位置精度，处理好孔和平面之间的相互关系。

（1）孔和平面的加工顺序　变速箱体的加工遵循先面后孔的原则，即先加工基准平面，再以基准平面定位加工其他平面，然后再加工孔系。这是因为：首先平面的面积大，用平面定位可以确保定位可靠、夹紧牢固，因而容易保证孔的加工精度；其次，先加工平面可以先消除铸件表面的凹凸，为提高孔加工精度创造条件，便于对刀及调整，也有利于保护刀具。

（2）加工阶段的划分　变速箱体的加工遵循粗、精加工分开的原则，将孔与平面的加工明确划分成粗加工和精加工阶段以便保证孔系加工精度，粗加工阶段切除金属较多，产生的切削力较大，切削时所需夹紧力也较大，因而工件内应力和变形也较大，不可能达到高的精度和表面质量。因此，需先安排粗加工阶段进行各主要表面的粗加工，再通过半精加工和精加工逐步修正工件的变形，逐步减小工件的内应力，才可能达到较高的精度和表面质量。另外,粗、精加工分开也可合理地使用机床,粗加工时采用功率较大、精度稍差的机床设备,精加工则反之。

(3) 孔系加工方案选择 变速箱体孔系加工方案,应选择能够满足孔系加工精度要求的加工方法及设备,除了从加工精度和加工效率两方面考虑以外,也要适当考虑经济因素。根据变速箱体的精度和生产率要求,选用在组合机床上用镗模法镗孔较为适宜。

主轴承孔和中间轴承孔采用粗镗、精镗加工方案,使用自动线内的卧式双面组合镗床进行双面镗孔,加工精度由镗模、导套、镗杆、镗刀等自身的精度及其配合精度保证。

倒挡轴承孔孔径为 $\phi 30$ mm,因孔径较小,故而采用扩孔、铰孔加工方案,与粗、精镗主轴承孔和中间轴承孔在同一工序进行,这样,通过镗模能保证孔系之间的位置精度。为防止扩、铰和镗孔之间的相互影响,调整机床时常把两者的切削时间错开,铰孔和精镗孔都能稳定地保证 IT7 级精度和 Ra 1.6 μm 的表面粗糙度。

(4) 主要工序安排 对于大批大量生产的零件,一般总是首先加工出统一基准,变速箱体加工的第一个工序也就是加工统一基准。具体安排是先以孔定位粗、精加工上盖结合面。第二个工序是加工定位用的两个孔。由于上盖结合面自被加工完成后一直到变速箱体加工完成为止,除个别工序外,都要用做定位基准,因此上盖结合面上的螺孔也应在加工两定位孔的工序中同时加工出来。

后续工序安排应当遵循粗、精加工分开和先面后孔的原则,先粗加工平面,再粗加工孔系,螺纹底孔在多轴钻床上钻出,因切削力较大,也应该在粗加工阶段完成。对于变速箱体,需要精加工的是支承孔系及前、后端平面,按上述原则亦应先精加工平面再加工孔系,但在实际生产中,这种安排不易保证孔与端面互相垂直,因此,实际采用的工艺方案是先精加工支承孔系,然后以支承孔用可胀心轴定位来加工端面,这样容易保证零件图样上规定的端面全跳动公差要求。各螺纹孔的攻螺纹,由于切削力较小,可安排在粗、精加工阶段中分散进行。

从表 4-2 可知,变速箱体加工的第一道工序是在一台双轴立式铣床上用两把硬质合金端铣刀将上盖结合面的粗、精加工结合在一起进行的,这主要是考虑到后续工序中要使用上盖结合面作定位基准面,必须尽早加工出来。

加工工序完成以后,将工件清洗干净,最后进行终检。

3) 变速箱体加工主要工序分析

(1) 上盖结合面加工 上盖结合面是变速箱体加工的定位精基准,因此,其粗、精加工最好在一个工序中完成,工厂常用双轴立式回转工作台铣床进行加工。由于在回转工作台上可同时安装多个夹具,装卸工件与铣削是同时进行的。由于刀具材料、铣刀结构、机床性能等外观的不断改进,目前国外端铣的进给量已可达 25.67 mm/s(1 500.400 0 mm/min),因此,用双轴立式回转工作台铣床铣削变速箱体平面的生产率是很高的。

(2) 上盖结合面上各孔加工 上盖结合面精铣以后,还必须在其上加工两个定位销孔。在本工序中,除了上盖结合面已经加工以外,其余表面均尚未加工,为了保证所钻、铰的孔与上盖结合面垂直,并保证两定位的销孔能在后续的孔系加工工序中使各主要支承孔的加工余量均匀,所以钻、铰定位销孔工序的定位,选择上盖结合面作主要定位基面以限制工件的三个自由度,以两个同轴的输入、输出轴支承孔限制工件的两个自由度,再用工件端面限制一个自由度,由于上盖结合面在后续大多数工序中都要用作定位基准以加工其余各平面及其上的各孔,因此上盖结合面上的螺孔也应在本工序中加工出来。

上盖结合面上各孔采用三工位组合机床进行加工。

工位 1:上料与下料。

工位 2:钻孔。

工位 3:铰孔、攻螺纹。

(3) 变速箱体前、后端面精加工　如前所述,为了保证前端面对 I 轴孔轴心线的端面全跳动要求,在孔系精加工后再精加工前、后端面,加工时以孔作为主要定位基准。前、后端面的加工采用组合铣床进行铣削。

变速箱的其他平面也都采用组合铣床进行铣削,为了便于加工,变速箱体两侧面上的各加工平面均为凸台,在设计时应使它们处于同一平面上,这样可在一次走刀中铣出来。

(4) 轴承孔镗削加工　该变速箱体属大批大量生产,其轴承孔在双面卧式组合镗床上采用镗模法进行加工。镗模夹具是按照工件孔系的加工要求设计和制造的,镗刀杆通过镗套的引导进行镗孔,轴承孔的尺寸精度、在水平面和垂直面内的平行度、两端孔的同轴度都取决于镗模及其与镗杆的配合精度。

采用镗模可以大大地提高工艺系统的刚度和抗振性,因此,可以用几把刀同时加工,所以生产效率很高,但镗模结构复杂、制造难度大、成本较高,且由于镗模的制造和装配误差、镗模在机床上的安排误差、镗杆和镗套的磨损等原因,用镗模加工孔系所能获得的加工精度也受到一定限制。

6. 实习步骤

在实习过程中可按车间的流水线顺序学习,详细了解箱体的工艺过程特点及每个工序的工艺装备特点,在最前的工序中学习粗基准的应用,了解粗、精加工的区别时要注意刀具的变化,了解加工工艺参数的变化(可通过切屑、速度的变化观察),通过夹具的变化分析基准的转换。

思　考　题

1. 结合实习现场试述大批量生产大件的特点。

2. 箱体零件加工时,是怎样体现基准统一、自为基准原则的?

3. 为什么先孔后面加工原则在箱体零件加工中体现非常明显?

4. 大件加工流水线有几种形式? 各有何特点?

5. 根据现场情况试述组合机床的类型、结构。工序集中的组合机床有何特点?

6. 柔性加工流水线的机床有何特点,利用率怎样?

7. 分析同一加工表面的粗、精加工工序的工艺系统和切削用量有何相同和不同之处。

8. 零件在流水线上加工时,质量是怎样控制的? 一旦某一工序出现问题,后果怎样?

9. 流水线上的夹具有何特点?

10. 流水线上采用的工序集中是怎样体现的? 以现场所见举例说明。

11. 写出现场箱体的加工过程和主要工序使用的机床、夹具、刀具的特点。

第5章　单件小批量零件生产车间实习

5.1　生产及管理特点

单件小批量生产的产品品种多,各种产品的产量少,结构、尺寸不同,大多数工作地点的加工对象经常改变,重要的是很少重复生产。例如新产品试制、大型和专用设备的制造、机械修理都属于单件生产。

5.1.1　单件小批量零件的生产特点

单件小批量零件生产中既有小型零件又有大型零件。加工中常采用工序集中的方法进行,定位主要使用自动找正和多次划线找正的方法。设备主要使用通用设备,设备类型多,设备的万能性就保证了产品的灵活性,能很快地适应各种不同零件的制造要求。工件的存放方式较全,既有用货箱或托盘装产品(小型零件),也可直接存放在地面上(大型工件)。物料的搬运既有运输车辆又有行车起吊运输。工艺文件简单,工序之间的调配则由车间调度员来完成。

(1) 在总生产中,单件小批量生产的生产技术准备周期比大批量生产所占的比例大。

(2) 与大批量生产相比,单件小批量生产计划的准确度较低,变动和调整比较多,在这种情况下,不但均衡生产难以做到,加班加点突击加工的现象也会不断地发生,给加工制造过程的质量控制带来许多特有的问题。

(3) 单件小批量生产原材料种类很多,采购时每种的购入量很少,计划提前量小,给采购过程的控制带来一定的难度。

(4) 单件小批量生产,对操作者的责任心、技能和自控能力依赖程度较高。

5.1.2　单件小批量零件的管理特点

(1) 在生产技术准备工作时要兼顾制造加工阶段和生产技术准备阶段的需要,做到既能最大限度地减少隐患,减少因准备不周引发的补救处置工作量,又能最大限度地缩短准备周期。

(2) 重视计划编制工作质量,同时建立快速反应的生产管理体制。在最大限度地提高计划的准确度的同时,能够对主、客观原因造成的偏离计划的行为做出最快的反应,适时修正计划、调整生产过程以保证企业的质量目标的实现。

5.2　加工工艺特点

单件小批量零件加工工艺特点如表 5-1 所示。

表 5-1　单件小批量零件加工工艺特点

序号	特 征 性 质	单 件 生 产
1	生产方式特点	事先不能决定是否重复生产
2	零件的互换性	一般采用试配方法,很少具有互换性
3	毛坯制造方法及加工余量	木模手工造型,自由锻,精度低,余量大
4	设备及其布置方式	通用机床按种类和规格以"机群式"布置
5	夹具	多用标准附件,必要时用组合夹具,很少用专用夹具,靠划线及试切达到精度
6	刀具及其量具	通用刀具及其量具
7	工艺文件	只要求有工艺过程卡片
8	工艺定额	靠经验统计分析法确定
9	对工人的技术要求	需要技术熟练的工人
10	生产率	低
11	成本	高
12	发展趋势	复杂零件采用加工中心

5.3　生产车间布置特点及使用的设备

5.3.1　生产车间布置特点

单件小批量生产的机械加工车间,其特有的组织形式是建立对象封闭的生产工段,这类工段常根据使用的起重、运输设备,并按照规定的要求进行布置。这类工段的组成,由生产类型及生产性质而定。例如重型机器制造厂的各车间就分为大型箱体零件、中型箱体零件、大轴、齿轮、小箱体、杂件等工段。

对于单件小批量生产的车间,不可能按工艺过程布置机床,因而广泛采用按工艺和机床类型混合布置的原则,这个原则特别适合于对象封闭的生产工段。按机群布置时,各个机床群的布置顺序,同工段内主要零件,即重量和外形尺寸最大的零件或批量最大的零件的工艺过程一致。一般车间分多跨,小型设备布置在车间的一跨,采用人工搬运和叉车运输。大型设备布置在一跨,使用行车完成起吊工作。产品和毛坯放在靠运输道路的两侧。

当单件小批量机械加工和装配车间布置在一个厂房里时,部件装配常放在机械加工车间大件加工等工段的延长部分上,以缩短零件在车间内的周转路程。

图 5-1 为某车间的实际布置图。

5.3.2　常使用的工艺装备及加工特点

加工单件小批量零件使用的设备主要是各种不同规格的通用机床,如普通车床、刨床、万能升降台铣床、摇臂钻床、磨床等。由于通用机床的加工范围大,万能性大,可用于多种工

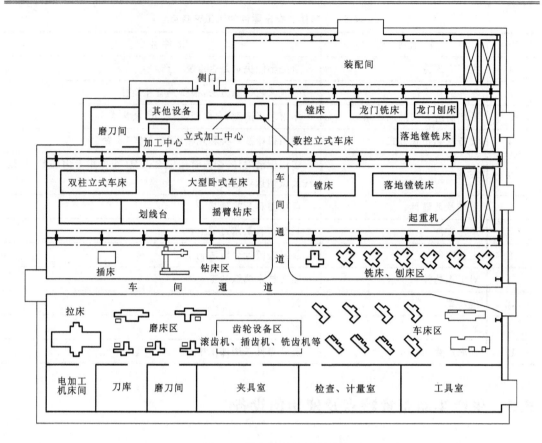

图 5-1　某车间实际布置图

件的不同工序,但通用机床的传动与结构复杂。为能完成划线,配有划线台和各种划线装备。

1. 车床类

加工小型回转零件常用普通卧式车床有 C6132、C6136、CA6140 等型号。普通卧式车床加工对象广,主轴转速和进给量的调整范围大,能加工工件的内、外表面,端面和内外螺纹。这类车床主要由工人手工操作,生产效率低,适用于单件小批量生产和修配车间。图5-2 所示为 CA6140 车床。细长轴类零件常用如图 5-3 所示的加长卧式车床加工。大型盘

图 5-2　CA6140 车床

图 5-3 加长卧式车床

类零件常用立式车床加工。立式车床主轴垂直于水平面,工件装夹在水平的回转工作台上,刀架在横梁或立柱上移动,适用于加工较大、较重、难以在普通车床上安装的工件。立式车床分单柱式和双柱式两大类,分别如图 5-4、图 5-5 所示。

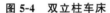

图 5-4 双立柱车床　　　　　　　　　　　　图 5-5 单立柱车床

2. 铣床类

单件小批量零件生产用铣床类有升降台铣床、龙门铣床等。升降台铣床(见第 3 章)有万能式、卧式和立式等,主要用于加工中小型零件。

龙门铣床如图 5-6 所示,属于大型高效能铣床,用于加工各类大型、重型工件上的平面、沟槽、斜面和内孔。主体结构为龙门式框架,其横梁上装有两个铣削主轴箱;两个立柱上又各装一个卧铣头;每个铣头都是一个独立部件,内装主运动变速机构、主轴及操纵机构,各铣头的水平或垂直运动都可以是进给运动,也可以是调整铣头与工件间相对位置的快速调位运动。

3. 钻床类

钻床分为立式钻床、台式钻床、摇臂钻床。立式钻床(见第 3 章)常用于加工中小型工件的小孔。台式钻床(见第 3 章)常用来加工小型工件的小孔等。

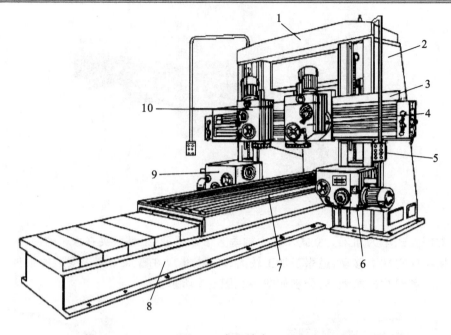

图 5-6　龙门铣床

1—顶梁；2—立柱；3—横梁；4—垂直主轴铣头；5—操作台；
6—水平主轴铣头；7—工作台；8—床身；9—水平主轴铣头；10—垂直主轴铣头

摇臂钻床如图 5-7 所示，主轴箱可在摇臂上左右移动，并随摇臂绕立柱回转±180°。摇臂还可沿立柱上下升降，以适应加工不同高度的工件。较小的工件可安装在工作台上，较大的工件可直接放在机床底座或地面上。摇臂钻床可广泛应用于加工体积和重量较大的工件的孔，也可用来钻削大型工件的各种螺钉孔、螺纹底孔和油孔等。

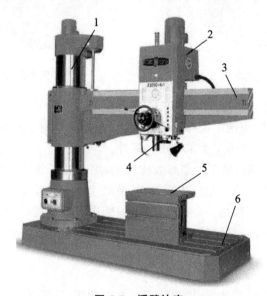

图 5-7　摇臂钻床

1—立柱；2—主轴箱；3—摇臂；4—主轴；5—工作台；6—底座

4. 刨床类

刨床是用刨刀对工件的平面、沟槽或成形表面进行刨削的直线运动机床。使用刨床加工，刀具较简单，但生产率较低（加工长而窄的平面除外），因而主要用于单件小批量生产及机器维修，在大批量生产中往往被铣床所代替。往复运动是刨床上的主运动，进刀运动是工作台（或刨刀）的间歇移动。刨床有牛头刨床、龙门刨床、插床。牛头刨床如图 5-8 所示。

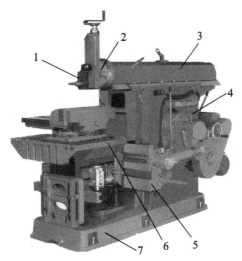

图 5-8　牛头刨床
1—刀架；2—刀座；3—滑枕；4—床身；5—横梁；6—工作台；7—底座

牛头刨床是用来刨削中、小型工件的刨床，工作长度一般不超过 1 m。工件装夹在可调整的工作台上或夹在工作台上的平口钳内，利用刨刀的直线往复运动（切削运动）和工作台的间歇移动（进刀运动）进行刨削加工。根据所能加工工件的长度，牛头刨床可分为大、中、小型三种：小型牛头刨床，如 B635-1 型牛头刨床可以加工长度在 400 mm 以内的工件；中型牛头刨床，如 B650 型牛头刨床可以加工长度为 400～600 mm 的工件；大型牛头刨床，如 B665 型和 B690 型牛头刨床可以加工长度为 400～1 000 mm 的工件。

图 5-9 所示龙门刨床主要用于加工大型工件，也可同时在工作台上一次装夹好几个工件，还可以用几把刨刀同时刨削，生产率比较高。与牛头刨床相比，从结构上看，龙门刨床形体大、结构复杂、刚度高；从机床运动上看，龙门刨床的主运动是工作台的直线往复运动，而进给运动则是刨刀的横向或垂直间歇运动，这刚好与牛头刨床的运动相反。龙门刨床由直流电动机带动，并可进行无级调速，运动平稳。龙门刨床的所有刀架在水平和垂直方向都可平动。龙门刨床主要用来加工大平面，有些能够加工长度为几十米甚至几十米以上的工件，尤其是长而窄的平面，一般可刨削的工件宽度达 1 m，长度在 3 m 以上。按结构形式的不同，龙门刨床又分为单臂龙门刨床和双臂柱龙门刨床两种。龙门刨床也可根据需要配置刨头、铣头、磨头和卧式磨头。

图 5-10 所示的插床又叫立式刨床，主要是用来加工工件的内平面、成型面及键槽等。它的结构与牛头刨床几乎完全一样，不同点主要是插床的插刀在垂直方向上作直线往复运动（切削运动），工作台除了能作纵、横方向的间歇进刀运动外，还可以在圆周方向上做间歇的回转进刀运动。

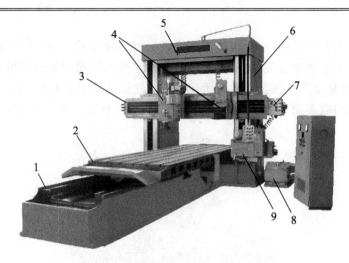

图 5-9　龙门刨床

1—床身；2—工作台；3—横梁；4—垂直刀架；5—顶梁；6—立柱；7—进给箱；8—驱动机构；9—侧刀架

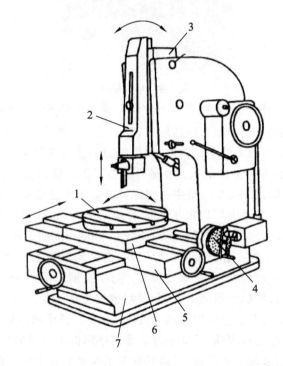

图 5-10　插床

1—圆工作台；2—滑枕；3—立柱；4—分度装置；5—下滑座；6—上滑座；7—床身

5. 磨床类

磨床是精加工设备，单件生产主要使用的有万能外圆磨床、平面磨床、导轨磨床等。

图 5-11 所示为万能外圆磨床，是普通精度级外圆磨床。它主要用于磨削圆柱形、圆锥形的外圆和内孔，还可磨削阶梯轴的轴肩、端平面等。砂轮架上附有内圆磨削附件，用来磨削内孔，砂轮架和头架都能绕竖直轴线调整一个角度，头架上除拨盘外，主轴也能旋转。

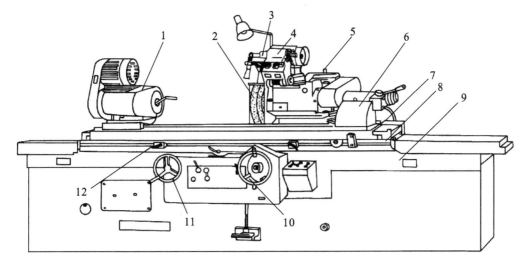

图 5-11　万能外圆磨床

1—头架；2—砂轮；3—内圆磨具；4—磨架；5—砂轮架；6—尾座；7—上工作台；
8—下工作台；9—床身；10—横向进给手轮；11—纵向进给手轮；12—换向挡块

图 5-12 所示的平面磨床主要用砂轮旋转研磨工件，以使其可达到要求的平面度，平面磨床上使用的夹具主要是磁力吸盘。

导轨磨床主要用于磨削机床导轨面的磨床。对于大型平面需要磨削是，常在龙门刨床或龙门铣床上配置磨头，进行加工。

6. 划线装备

划线是单件小批量生产必不可少的工序之一，划线分平面划线和立体划线，划线时使用的装备有基准工具（划线平台）、支承工具（如方箱、千斤顶、V 形铁等）、划线量具（如钢尺、高度游标尺、直尺等）、直接划线工具（如划针、划规、划线盘和高度游标尺）等，如图 5-13 所示。

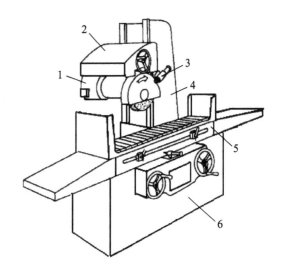

图 5-12　卧轴矩台平面磨床

1—砂轮架；2—滑鞍；3—砂轮修整装置；
4—立柱；5—工作台；6—床身

划线平台由铸铁平板及支架组成，用于对毛坯件、半成品件的立体划线加工，以及对机械零件的检验与测量。平台表面是安放工件和划线盘移动的基准平面，必须经过精刨、刮削等精加工使其平整。由于平台的平整性直接影响划线的质量，因此安装时必须使工作平面保持水平；在使用过程中，要保持清洁，防止铁屑、灰砂等划伤台面，工件和工具在平台上要轻放，也不允许在平台面上做敲击性的工作，平台使用后应揩净并涂油防锈。

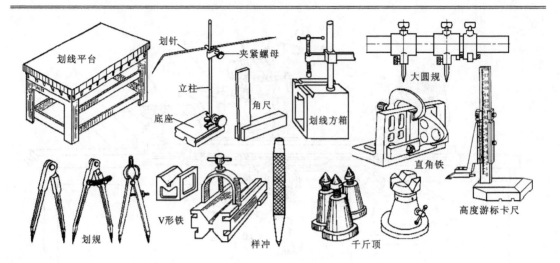

图 5-13　划线装备

5.4　零件加工工艺举例

5.4.1　轴类零件加工

图 5-14 所示手柄轴的小批量生产加工工艺如表 5-2 所示。

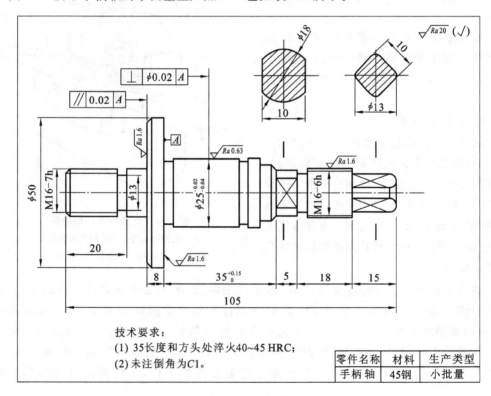

技术要求：

(1) 35长度和方头处淬火40~45 HRC；

(2) 未注倒角为C1。

零件名称	材料	生产类型
手柄轴	45钢	小批量

图 5-14　手柄轴

表 5-2　手柄轴加工工艺过程

工序号	工序名称	工 序 内 容	定位及夹紧	设　备
1	锻	自由锻造		弓锯
2	热处理	正火		
3	车 1	车端面,钻顶尖孔,车外圆	三爪卡盘	卧式普通车床
	车 2	调头,夹车过的外圆,车端面(取长度),钻顶尖孔	三爪卡盘	卧式普通车床
4	车 1	车外圆 ϕ50 mm 至尺寸,车 M16-7h 大径及侧面,留加工余量 0.2 mm,倒角	双顶尖	卧式普通车床
	车 2	调头,车外圆 $\phi 25^{-0.02}_{-0.04}$ mm,留 0.3 mm 加工余量,车 ϕ50 mm 侧面,留加工余量 0.2 mm。车 ϕ18 mm 及 M16-7h 大径和 ϕ13 mm 外圆,倒角,车三处槽,车右端螺纹至图样要求	双顶尖	卧式普通车床
	车 3	调头,车槽,车左端螺纹至图样要求	双顶尖	
5	铣 1	铣方至图样要求	外圆、顶尖、分度头	卧式铣床
	铣 2	铣扁至图样要求	外圆、顶尖、分度头	卧式铣床
	铣 3	去毛刺		
6	热处理	$35^{+0.15}_{0}$ mm 及方头处表面淬火		
7	磨 1	磨 $\phi 25^{-0.02}_{-0.04}$ mm 与 ϕ50 mm 侧面至图样要求	双顶尖	万能外圆磨床
	磨 2	调头,磨 ϕ50 mm 另一侧面至图样要求	双顶尖	万能外圆磨床
8	检验			

1. 加工工艺分析

(1)该零件是较简单而又精度要求不高的轴,但是所用机械加工的工种较全,工艺路线的特点是工序集中,如车削,两道工序就将所有车削加工完成,缩短了加工工艺路线。

(2)该零件批量虽小,但是轴颈尺寸变化大,最大 ϕ50 mm,最小 ϕ13 mm。因此选择自由锻造的毛坯,既节约材料又可减少机械加工。

(3)为了保证各阶梯轴的同轴度,用两端顶尖孔定位。车、铣、磨等工序的定位基准不变,使基准统一。

(4)ϕ50 mm 两侧面的表面粗糙度要求不高,不用磨削即可。为了保证两侧面的位置精度,采用磨削工艺。

2. 实习重点及步骤

(1)实习重点。

根据加工要求,注意观察在一个工序中工位的转换方式。车削时多工位的转换方法是通过调头,大多采用基准互换(以外圆定位加工中心孔或以中心孔定位加工外圆)和基准统一(双顶尖)的方法来保证加工余量的均匀性。铣削则使用铣床的附件分度头进行工位的转换,同时保证铣方和铣扁的要求而不需要划线。磨削时使用双顶尖定位,工件获得动力的方法要通过鸡心夹和拨盘来完成。

(2)实习步骤。

观察手柄轴加工后的成品特点→观察毛坯的特点,特别要分析结构尺寸与成品之间的区别→到车床区观察车削工序调头方法。螺纹刀的特点、装夹方法→铣削使用的刀具及分度方法→热处理后零件表面的变化→磨削过程及测量方法。

5.4.2 套类零件加工

图 5-15 所示传动套,其小批量生产加工工艺如表 5-3 所示。

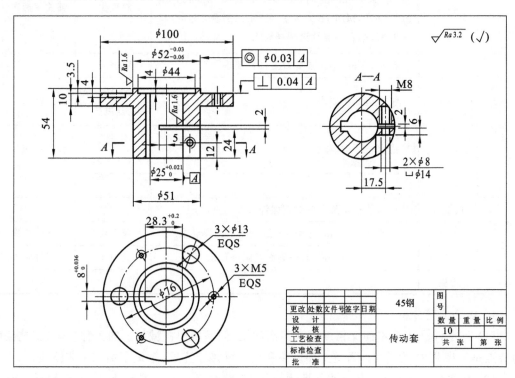

图 5-15 传动套

表 5-3 传动套零件机械加工工艺过程

工序号	工序名称	工 序 内 容	设备
1	下料	按 $\phi105$ mm$\times$60 mm 下料	弓锯
2	粗车	先粗车大端及内孔;掉头粗车小端各部尺寸,留余量 1 mm	车床
3	精车	车大端及铰内孔至图样要求,掉头车小端各部至图样要求,保证几何公差	车床

续表

工序号	工序名称	工 序 内 容	设备
4	钳	划所有孔、键槽、开口槽位置线	划线台
5	钻	钻、锪、攻端面孔至图样要求	台钻
6	插	插键槽至图样要求	插床
7	钻 1	钻沉头 $\phi14$ mm 及两端 $\phi8$ mm 孔	台钻
	钻 2	钻 M8 mm 底孔、$\phi6.7$ mm 孔至图样要求	
8	卧铣	铣零件两开口槽至图样要求	铣床
9	钳	攻 M8 mm 螺纹,去毛刺	
10	检		

1. 加工工艺分析

（1）该零件是较简单而且精度要求不高的套,但是对位置精度要求较多,所用机械加工的工种也较全,工序集中。

（2）该零件批量小,因此选用棒材,因为易采购、成本低、准备周期短。

（3）该零件的主要结构为旋转体零件,故主要以车加工为主,辅以其他的加工方式,即可完成整个零件的加工。

为了保证 $\phi52$ mm 孔与 $\phi25$ mm 孔的同轴度,采用一次安装的方法,使基准统一。加工顺序是先车大头端面、内孔,后车小头各部,工艺路线为粗车→精车→钳（划线）→插（键槽）→钳（钻孔）→卧铣（两开口槽）→钳（攻螺纹、去毛刺）。

（4）由于套硬度不高,$\phi52$ mm 的尺寸精度可用车削保证,内孔 $\phi25$ mm 尺寸较小,采用铰削的方法,不用磨削即可。

（5）键槽,M5 mm、M8 mm 螺纹孔,$\phi13$ mm 孔,开口槽的位置精度则由划线来保证。

2. 实习重点及步骤

根据加工要求,注意观察划线的特点,加工时工件是怎样以划线找正的,找正时应注意使用的找正工具。观察钻沉头孔刀具底部的形状,锪平面使用的刀具特点。铣零件两开口槽时工件的装夹特点,插削键槽时需要几个方向的运动。

实习步骤按加工工艺过程进行。

5.4.3　箱体类零件加工

图 5-16 为蜗轮减速箱体零件图,其小批量生产加工工艺如表 5-4 所示。

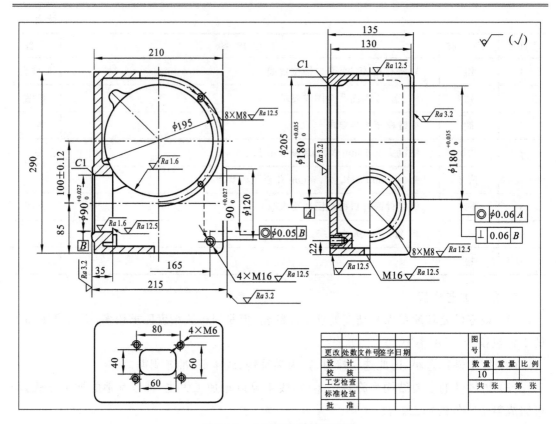

图 5-16　小型蜗轮减速器箱体

表 5-4　小型涡轮减速器箱体机械加工工艺

工序号	工序名称	工序内容	工艺装备
1	铸造	铸造,清理	
2	清砂	清砂	
3	热处理	人工时效处理	
4	涂漆	涂红色防锈底漆	
5	划线	划 $\phi 180^{+0.035}_{0}$ mm、$\phi 90^{+0.027}_{0}$ mm 孔加工线,以孔的位置为基准划上、底平面加工线	
6	铣1	以顶面毛坯支承,按划线找正,粗、精铣底面	X5030A
	铣2	以底面定位装夹零件,粗、精铣顶面,保证尺寸 290 mm	X5030A
7	铣1	以底面和侧面线定位,压紧顶面按加工线铣 $\phi 90^{+0.027}_{0}$ mm 两孔侧面凸台,保证尺寸 217 mm	X6132
	铣2	以底面定位,压紧顶面按加工线找正,铣 $\phi 180^{+0.035}_{0}$ mm 两孔侧面,保证尺寸 137 mm	X6132

续表

工序号	工序名称	工 序 内 容	工艺装备
8	镗	以底面定位,按 $\phi 90^{+0.027}_{0}$ mm 孔端面找正,压紧顶面。粗镗 $\phi 90^{+0.027}_{0}$ mm 孔至尺寸 $\phi 88^{0}_{-0.5}$ mm;粗刮平面保证总长尺寸 215 mm 为216 mm;刮 $\phi 90^{+0.027}_{0}$ mm 内端面,保证总长 215 mm	T617A
9	镗	将机床工作台旋转 90°,加工 $\phi 180^{+0.035}_{0}$ mm 孔尺寸到 $\phi 178^{0}_{-0.5}$ mm,粗刮平面,保证总厚 136 mm,保证与 $\phi 90^{+0.027}_{0}$ mm 孔距尺寸(100±0.12) mm	T617A
10	精镗	将机床上工作台旋转回零位,调整工件压紧力(工件不动),精镗 $\phi 90^{+0.027}_{0}$ mm 至图样尺寸,精刮两端面至尺寸 215 mm	T617A
11	精镗	机床工作台旋转 90°,加工 $\phi 180^{+0.035}_{0}$ mm 孔至图样尺寸,粗刮平面,精刮两侧面保证总厚 135 mm,保证与 $\phi 90^{+0.027}_{0}$ mm 孔距尺寸(100±0.12) mm	T617A
12	划线	划 8×M8 mm 、4×M16 mm、M16 mm、4×M6 mm 各螺纹孔加工线	
13	钻	钻各螺纹孔并攻螺纹	Z3032
14	钳	修毛刺	
15	钳	煤油渗漏试验	
16	检验	检查各部位尺寸及精度	
17	入库	入库	

1. 加工工艺分析

(1) 该零件批量小,材料为灰铸铁件毛坯,切削性能较好。

(2) 该零件的主要结构为箱体,加工表面内容较全,有大平面、小端面、大孔、小孔、内螺纹,而且孔之间的位置精度要求较高,所用机械加工的工种也较全,主要采用了工序集中的加工方法。

(3) 粗基准选用划线方法确定,如铣底面、以 $\phi 180^{+0.035}_{0}$ mm 两孔的轴线和 $\phi 90^{+0.027}_{0}$ mm 两孔轴线为粗基准划出上、底平面加工线。精基准则使用已加工表面。而侧面的粗、精加工则在不同的工序中再次划线完成。

(4) 划线步骤为先划 $\phi 180^{+0.035}_{0}$ mm、$\phi 90^{+0.027}_{0}$ mm 孔加工线,以孔的位置为基准划上、底平面加工线。目的是保证孔的加工余量均匀。零件第二次划线是在平面加工完成后进行,以保证 M8 mm、M16 mm、M16 mm、M6 mm 各螺纹孔的位置精度和方便定位。

(5) 大孔的加工采用镗削,通过工作台的旋转进行工位转换,利用镗床工作台的位置精度保证孔的同轴度和垂直度要求。

(6) 整个加工执行了基面先行、先粗后精、先面后孔、先主后次的原则。工件使用压板装夹。

2. 实习重点及步骤

根据加工要求,注意观察两次划线的特点,加工时工件是怎样划线找正的,找正时应注意使用的找正工具和方法。注意铣、镗削时粗、精加工的工艺参数的变化,铣刀的变化,镗刀的调整方法。学习螺纹孔加工时工位、工步的处理方法,以及螺纹加工时螺纹刀退刀特点。实习步骤可按加工工艺过程顺序进行。

思 考 题

1. 实习中你到的车间有何特点?(从机床布置、零件的存放、搬运特点等角度分析。)

2. 你在现场见到了哪些单件小批量零件的加工?它们的毛坯形式如何?它们在机床设备、刀具、夹具、量具等方面都有哪些不同?统计并总结整理。

3. 你所看到的零件的工艺上有何特点?(可向现场的师傅或工艺人员请教。)

4. 单件生产时使用的刀具、量具有何特点?使用时是如何调整的?

5. 小批量生产时,加工大件的平面和大孔时常用什么样的工艺装备?粗基准、精基准是怎样确定的?

6. 小批量生产时,需要的工艺文件有哪些?

7. 在卧式车床上加工零件时,工件的定位有哪些方法?试述详细的操作过程。

8. 小批量生产时,零件的尺寸精度、位置精度、形状精度是怎样保证的?

9. 分析2~3个典型零件的工艺过程(工序安排、加工阶段划分、基准选择、工序集中、检验工序、热处理工序、所用设备和工装情况)。

10. 机械加工过程中的振动和噪声现象是怎样产生的?

11. 你是怎样记录实习过程的?

第6章　数控加工生产车间实习

6.1　生产及管理特点

数控加工泛指在数控机床上进行零件加工的工艺过程。数控机床的运动和辅助动作均受控于数控系统发出的指令。加工对象改变时只需要改变输入的程序指令,加工性能比一般自动机床高,可以精确加工复杂型面,因而适合于加工中小批量、改型频繁、精度要求高、形状较复杂的工件,并能获得良好的经济效果。

6.1.1　数控加工的生产特点

(1) 在总生产中,数控加工的生产效率非常高,是普通机床的2~3倍,在某种条件下(比如有自动换刀、自动装夹)可以提高十几倍到几十倍。

(2) 与其他普通生产相比,用数控机床加工可以获得更高的精度和稳定的质量,不会因人为因素而影响零件质量,尤其是可以用软件来进行精度校正,这样生产出的产品可以有更高的加工精度和重复加工精度。

(3) 与其他普通机床相比,数控机床采用计算机控制,伺服系统技术复杂,机床精度要求很高。因此,要求操作、维修及管理人员具有较高的文化水平和技术素质。

(4) 在一定条件下更换品种极其方便。数控加工只要更换程序就可以实现更换品种,大大缩短了换型周期,甚至几分钟,或几小时就能实现换型。

6.1.2　数控加工的管理特点

1. 设备管理的标准化

数控加工设备是一种复杂的机电一体化设备,设备使用人员应遵循完整、准确、真实的原则,严格按标准做好日常使用、维护记录,以利以后维修时能迅速查找故障,缩短维修时间。

2. 技术资料的标准化

对不同型号产品零件、工装夹具、模具的数控程序按工序工步的内容、数控设备、刀具、程序清单等进行基于数据库系统的集中管理,避免传统文件夹形式管理的缺陷,既方便程序的二次使用、查询、编辑修改等使用,又可节省数控人员的程序管理与查找时间,避免程序错误使用,防止程序的丢失或同种产品数控程序的重复编制。

3. 程序管理的规范化

利用数控设备可以方便地对数控程序的各种信息,如程序号、图号、零件号、机床、用户信息等进行管理,可对程序进行图号、零件名称等进行复合查寻。对数控程序具有完善的权限管理,操作员、编程员、检验员、技术主任等,不同人员有不同的权限,每人职责分明,并具有编程、调试、检验、批准等流程,可自动记录程序的创建、修改、删除等操作信息,程序具有可追溯性。

4. 机床操作的规范化

不论什么类型的数控机床,都有一套自己的操作规程。使用者必须严格按照操作规程正确操作,这既是操作人员人身安全的主要措施之一,也是保证设备安全、产品质量的主要措施。

6.2　生产车间使用的设备及布置特点

数控车间使用的设备有:数控车床、数控铣床、数控钻床、数控磨床、数控齿轮加工机床、数控镗铣床和数控加工中心。数控机床的床身、立柱、主轴、进给机构等机械部件外形和传统机床基本一样。由于数控机床的切削用量大、连续加工发热多,其设计要求比通用机床更严格,精度要求更高,因而数控机床增加了许多新的加大刚度、减小热变形、提高精度等方面的措施,使得数控机床的外部造型、整体布局、传动系统以及刀具系统等方面都发生了一些变化。另外还增加了数控装置、多个驱动装置、辅助装置和编程及其他附属设备等。数控机床的分类和规格与传统机床相同,有卧式数控车床、立式数控车床、数控铣床、龙门数控铣床等。尽管这些数控机床在加工工艺方法上存在很大差别,具体的控制方式也各不相同,但数控机床的使用范围与传统机床的使用范围大致相同。

数控车间的设备布局方法主要分为三类。

一是生产线式布局法,同流水生产线设备的布局相似。设备通常是按照产品的工艺顺序依次排列,适合于大批量、少品种的生产情况,对数控加工设备而言,其可能的布局方式实例如图6-1所示。

| 数控车 | 数控铣 | 数控磨 | 数控加工中心 | …… |

图 6-1　生产线式布局法

二是功能布局法,加工设备按照功能特性分成几组,相同功能的机床设备被分为一组安置在一起,适合于小批量、多品种的生产情况。对数控加工设备而言,其可能的布局方式实例如图6-2所示。

图 6-2　功能布局法

三是单元布局法,将加工设备划分成若干个生产子单元分布在整个车间,每个单元只加工一个或几个零件族。然后把各单元布置于生产车间的不同区域,对数控设备而言,其可能的布局方式实例如图6-3所示。

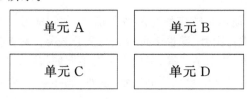

图 6-3　单元布局法

将数控车、数控车、数控铣组成单元 A,用于回转类零件及平面型腔类零件的加工;将数控磨、加工中心组成单元 B,用于轴和平面的精加工及孔系的加工;同理可用某种数控加工设备组成单元 C、单元 D、单元 E 等。

根据生产要求,在整个车间的不同位置分别布置单元 A、B、C、D、E 等。这种布局方法有利于从不同位置快速到达加工点,从而减少和改善物流量,常应用在生产波动频繁的环境中。

6.3 数控加工工艺特点

由于数控加工受控于程序指令,加工的全过程都是按程序指令自动进行的。因此,数控加工程序与普通机床工艺规程有较大差别,涉及的内容也较广。数控机床加工程序不仅要包括零件的工艺过程,而且还要包括切削用量、进给路线、刀具尺寸以及机床的运动过程。

1. 数控加工工艺远比普通机械加工工艺复杂

数控加工工艺要考虑加工零件的工艺性、定位基准和装夹方式,也要选择刀具,制定工艺路线、切削方法及工艺参数等,而这些在常规工艺中均可以简化处理。因此,数控加工工艺比普通加工工艺要复杂得多,影响因素也多,因而有必要对数控编程的全过程进行综合分析、合理安排,然后整体完善。相同的数控加工任务,可以有多个数控工艺方案,既可以选择以加工部位作为主线安排工艺,也可以选择以加工刀具作为主线来安排工艺。数控加工工艺的多样化是数控加工工艺的一个特色,是与传统加工工艺的显著区别。

2. 数控加工工艺设计要有严密的条理性

由于数控加工的自动化程度较高,相对而言,数控加工的自适应能力就较差。而且数控加工的影响因素较多,比较复杂,需要对数控加工的全过程深思熟虑,数控工艺设计必须具有很好的条理性,也就是说,数控加工工艺的设计过程必须周密、严谨,没有错误。

3. 数控加工工艺的继承性较好

凡经过调试、校验和试切削过程验证的,并在数控加工实践中证明是好的数控加工工艺,都可以作为模板,供后续加工相类似零件调用,这样不仅节约时间,而且可以保证质量。模板本身在调用中也有一个不断修改完善的过程,可以达到逐步标准化、系列化的效果。因此,数控工艺具有非常好的继承性。

4. 数控加工工艺必须经过实际验证才能指导生产

由于数控加工的自动化程度高,安全和质量是至关重要的。数控加工工艺必须经过验证后才能用于指导生产。在普通机械加工中,工艺员编写的工艺文件可以直接下到生产线用于指导生产,一般不需要上述的复杂过程。

6.4 零件数控加工工艺

6.4.1 数控车削加工

6.4.1.1 花键轴数控车削

图 6-4 所示花键轴零件的加工工艺过程如表 6-1 所示。

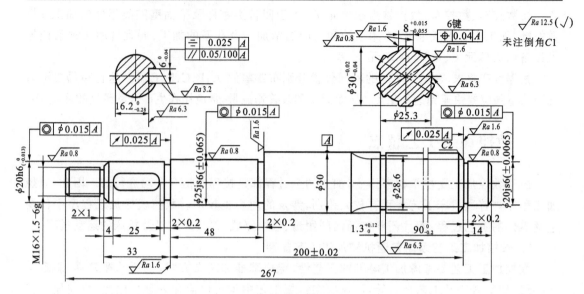

图 6-4 花键轴

表 6-1 花键轴加工工艺过程

工序	工序名称	安装	工序内容	设备名称	定位及夹紧
1	备料		下料	锯床	
2	车	1	车右端面及外圆、打中心孔	CA6140	外圆及端面
		2	调头,调头车左端面打中心孔,保证轴长267 mm	CA6140	外圆及端面
3	车		加工所有外圆、端面及螺纹(见数控加工过程)	CK6132	花键圆柱段的右端面,中心孔
4	热处理		调质处理,硬度为240 HBS		
5	铣		铣花键	卧式铣床	两端中心孔
6	铣		铣键槽	卧式铣床	轴颈外圆
7	磨		磨 $\phi25$ mm、$\phi20$ mm 轴颈至图样要求	磨床	两端中心孔
8	检验		检验各尺寸		

加工过程分粗车和精车两次进行,数控加工工序卡及切削用量选择见表6-2。

表 6-2 数控加工工序卡及切削用量

工序号	工序内容	加工面	刀具号	刀具规格	主轴转速 /(r/min)	进给速度 /(mm/r)	背吃刀量 /mm	备注
1	零件两端打B型中心孔		T0	中心钻 B2.5	475	120		
2	粗车加工零件左端外形		T1	$\kappa_r = 90°$,R2	475	120		粗车
3	粗车加工零件右端外形		T1	$\kappa_r = 90°$,R2	475	120		粗车

续表

工序号	工 序 内 容	加工面	刀具号	刀具规格	主轴转速 /(r/min)	进给速度 /(mm/r)	背吃刀量 /mm	备注
4	精车、研磨 B 型中心孔		T0	中心钻 B2.5	475	60		
5	精车加工零件右端外形		T1 T3	$\kappa_r=90°,R2$	750	80	$T=0.4$	精车
6	精车加工零件左端、切槽		T1 T2 T4	$\kappa_r=90°,R2$	475	80	$T=0.4$	精车

1) 工序加工内容及使用的刀具参数

(1) 粗车加工 I　使用主偏角 $\kappa_r=93°$、$\kappa_r{'}=3°$、刀尖圆弧半径为 2 mm 外圆精车车刀，车削加工零件左段各部外圆型面与所在端面。零件各部位均留精车余量。

(2) 粗车加工 II　零件掉头重新安装装夹定位后，使用主偏角 $\kappa_r=93°$、副偏角 $\kappa_r{'}=3°$、刀尖圆弧半径为 2 mm 的外圆精车车刀，车削加工零件右段各部外圆型面与所在端面，零件各部均留精车余量。

(3) 精车加工 I　使用主偏角 $\kappa_r=90°$、副偏角 $\kappa_r{'}=3°$、刀尖圆弧半径为 2 mm 的外圆精车车刀，$B=1.3$ mm、$B=2$ mm 切槽车刀，精车加工零件右段各部外圆面与所在端面达要求。

(4) 精车加工 II　零件掉头重新安装装夹定位后，精车加工零件左段各部外圆型面与所在端面以及螺纹、切槽达要求。

(5) 数控车削加工刀具编号。

T0：B2.5 mm 中心钻。

T1：主偏角 $\kappa_r=93°$、$\kappa_r{'}=3°$、刀尖圆弧半径为 2 mm 的外圆精车车刀（可转位车刀）。

T2：刀刃宽 $B=2$ mm 切槽车刀（可转位车刀）。

T3：刀刃宽 $B=1.3$ mm 切槽车刀（可转位车刀）。

T4：螺纹车刀（可转位车刀）。

2) 机床刀具轨迹节点坐标与零件加工的运行轨迹

(1) 工件坐标系原点：工件的左端面。

(2) 图 6-5 所示为粗车左段时机床刀具轨迹节点坐标与零件加工的运行轨迹。

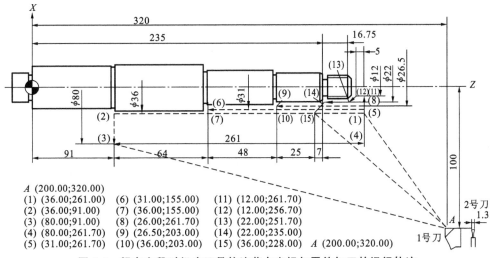

A (200.00;320.00)
(1) (36.00;261.00)　　(6) (31.00;155.00)　　(11) (12.00;261.70)
(2) (36.00;91.00)　　　(7) (36.00;155.00)　　(12) (12.00;256.70)
(3) (80.00;91.00)　　　(8) (26.00;261.70)　　(13) (22.00;251.70)
(4) (80.00;261.70)　　 (9) (26.50;203.00)　　(14) (22.00;235.00)
(5) (31.00;261.70)　　(10) (36.00;203.00)　　(15) (36.00;228.00)　　A (200.00;320.00)

图 6-5　粗车左段时机床刀具轨迹节点坐标与零件加工的运行轨迹

（3）图 6-6 所示为粗车右段时机床刀具轨迹节点坐标与零件加工的运行轨迹。

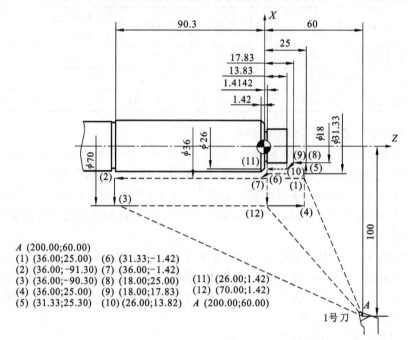

A (200.00;60.00)
(1) (36.00;25.00)　(6) (31.33;−1.42)
(2) (36.00;−91.30)　(7) (36.00;−1.42)
(3) (36.00;−90.30)　(8) (18.00;25.00)　(11) (26.00;1.42)
(4) (36.00;25.00)　(9) (18.00;17.83)　(12) (70.00;1.42)
(5) (31.33;25.30)　(10) (26.00;13.82)　A (200.00;60.00)

图 6-6　粗车右段时机床刀具轨迹节点坐标与零件加工的运行轨迹

（4）图 6-7 所示为精车左段时机床刀具轨迹节点坐标与零件加工的运行轨迹。

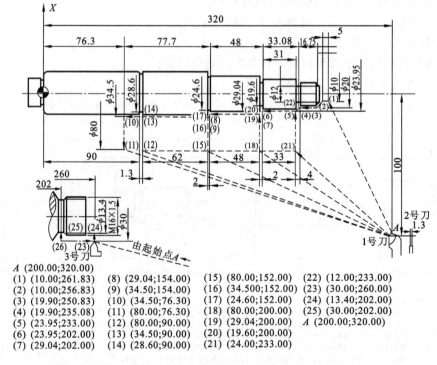

A (200.00;320.00)
(1) (10.00;261.83)　(8) (29.04;154.00)　(15) (80.00;152.00)　(22) (12.00;233.00)
(2) (10.00;256.83)　(9) (34.50;154.00)　(16) (34.500;152.00)　(23) (30.00;260.00)
(3) (19.90;250.83)　(10) (34.50;76.30)　(17) (24.60;152.00)　(24) (13.40;202.00)
(4) (19.90;235.08)　(11) (80.00;76.30)　(18) (80.00;200.00)　(25) (30.00;202.00)
(5) (23.95;233.00)　(12) (80.00;90.00)　(19) (29.04;200.00)　A (200.00;320.00)
(6) (23.95;202.00)　(13) (34.50;90.00)　(20) (19.60;200.00)
(7) (29.04;202.00)　(14) (28.60;90.00)　(21) (24.00;233.00)

图 6-7　精车左段时机床刀具轨迹节点坐标与零件加工的运行轨迹

（5）图 6-8 所示为精车右段时机床刀具轨迹节点坐标与零件加工的运行轨迹。

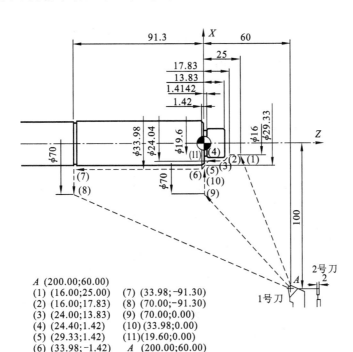

A (200.00;60.00)
(1) (16.00;25.00)　(7) (33.98;−91.30)
(2) (16.00;17.83)　(8) (70.00;−91.30)
(3) (24.00;13.83)　(9) (70.00;0.00)
(4) (24.40;1.42)　(10) (33.98;0.00)
(5) (29.33;1.42)　(11)(19.60;0.00)
(6) (33.98;−1.42)　 A (200.00;60.00)

图 6-8　精车右段时机床刀具轨迹节点坐标与零件加工的运行轨迹

3）工艺分析

（1）该零件结构形状并不复杂,但零件的尺寸精度尤其是零件的几何精度要求较高。

（2）零件重要的径向加工部位有:$\phi 20_{-0.013}^{0}$ mm 圆柱段,$\phi(25\pm0.0065)$ mm 圆柱段, $\phi 30_{-0.04}^{-0.02}$ mm 花键圆锥段,$\phi(20\pm0.0065)$ mm 圆柱段。

（3）零件重要的轴向加工部位有:零件右段 $\phi 30$ 花键圆柱段（轴向长度为 $90_{-0.2}^{0}$ mm）, 零件右段 $\phi 30$ mm 与零件左段 $\phi 20_{-0.013}^{0}$ mm 圆柱段。由上述尺寸可以确定,零件的轴向尺 寸应该以零件右端面为准。

（4）为充分利用设备,提高生产效率,车端面打中心孔使用普通机床,铣花键及键槽可 使用普通铣床也可使用数控铣床,其他加工表面使用数控车床,通过四次装夹完成加工 要求。

（5）加工过程主要定位基准是两中心孔,体现了基准统一的原则。

（6）数控编程原点选择花键圆柱段的右端面和圆柱轴线,体现了基准重合原则。

4）实习重点与步骤

实习中注意了解数控车床和普通车床的结构有何区别。通过观察显示器的程序变 化,了解车削工艺过程、程序结构及编写特点。观察加工过程中刀具退回到什么位置时 自动换刀。根据零件的加工要求,观察数控车削外圆时,进、退刀有哪些要求,当调头加 工时是怎样保证轴向加工尺寸精度的。注意观察加工过程中由于刀具磨损而换刀后,操作者是采用什么方法又在原程序下继续工作的。以及当加工尺寸精度有误差时的调整方法。

实习步骤为先观察加工全过程,然后通过屏幕观察程序变化情况。

6.4.1.2 圆锥齿轮坯数控车削

圆锥齿轮坯零件图如图 6-9 所示。

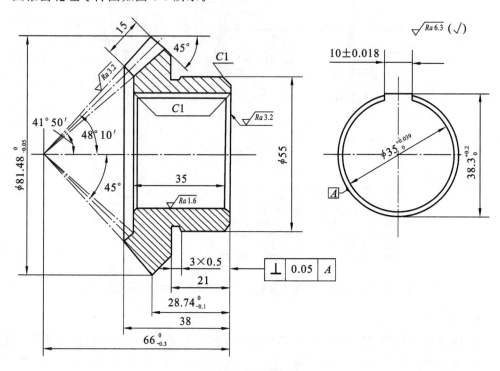

图 6-9 圆锥齿轮坯

1. 数控工序加工内容及使用的刀具参数分析

(1) 该零件属套类零件,毛坯锻件外形与零件一致。

(2) 在数控车削加工中,零件重要的径向加工部位有:大端尺寸为 $\phi81.48_{-0.05}^{0}$ mm 的圆锥段、背圆锥段,$\phi35_{0}^{+0.039}$ mm 圆柱孔。零件其他径向加工部位相对容易加工。零件重要的轴向加工部位有:零件右端 $\phi35_{0}^{+0.039}$ mm 孔,$\phi81.48_{-0.05}^{0}$ mm 圆锥段(顶点至零件右端面 $28.74_{-0.1}^{0}$ mm)。由此可以确定零件的轴向尺寸应该以零件右端面为基准。

(3) 数控加工分粗车和精车两次切削加工。

(4) 零件退刀槽加工使用 $B=3$ mm 的切槽车刀。

(5) 零件轴向的定位基准选择 $\phi55$ mm 外圆柱段的右端面,径向基准为轴线。

(6) 粗车和精车加工时均采用三爪自动定心卡盘装夹零件。

(7) 加工分两次装夹,第一次装夹完成零件右端外圆的粗、精车加工,第二次装夹完成零件左端内、外圆的粗、精车加工。

(8) 为数控车削加工刀具编号。

T0：外圆精车车刀（主偏角 $\kappa_r=93°$，刀尖圆弧半径为 2 mm）。

T2：内孔精车车刀（主偏角 $\kappa_r=93°$、$\kappa_r'=3°$，刀尖圆弧半径为 2 mm）。

T3：切槽刀（刀刃宽 $B=3$ mm）。

（9）机床刀具轨迹节点与零件加工的轨迹如图 6-10、图 6-11 所示。

2．实习重点

实习时重点学习数控车外圆和内孔时的对刀方法。通过观察显示器的程序变化，了解车削工艺过程、程序结构及编写特点。观察加工孔时刀具退回到什么位置时自动换刀。了解进、退刀有哪些要求，当调头加工时是怎样保证轴向加工尺寸精度的。注意观察加工过程中由于刀具磨损而换刀后，操作者是采用什么方法又在原程序下继续工作的，以及当加工尺寸精度有误差时的调整方法与加工外圆和孔使用刀补的方法有何不同。

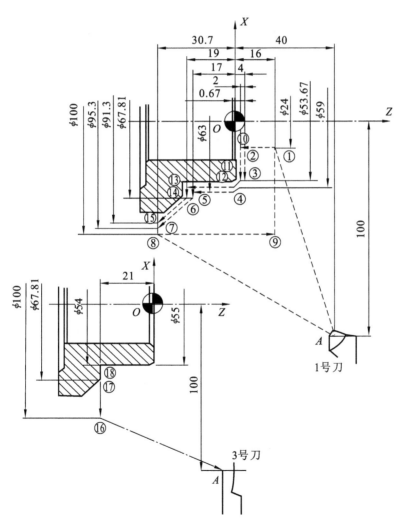

图 6-10　粗、精车零件右段外圆时机床刀具轨迹节点与零件加工轨迹

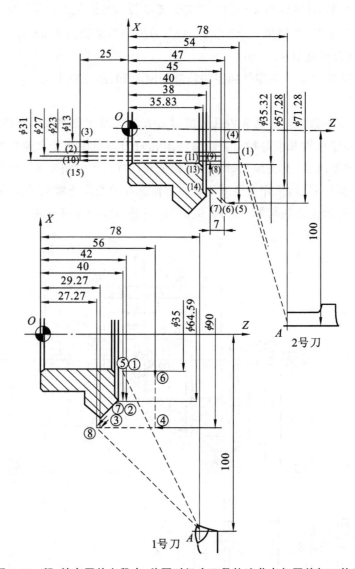

图 6-11   粗、精车零件左段内、外圆时机床刀具轨迹节点与零件加工轨迹

6.4.2   数控铣削加工

十字型腔零件如图 6-12 所示。

1. 数控工序加工内容及使用的刀具参数分析

（1）十字型腔为典型的方圆结合类零件，形状并不复杂，十字型腔的轨迹精度、尺寸精度和几何精度要求较高，加工难度大。材料为 HT200。

（2）在数控铣削加工中，主要的加工部位有：零件周边平面（长和宽均为 100 mm，公差为 ±0.027 mm，对称度为 0.08 mm）；零件型腔内部（$\phi96$ mm，公差为 0.12 mm，与 $\phi35$ mm 基准孔同轴度为 0.08 mm，深 5 mm，公差为 0.12 mm）。必须保证型腔周边的轨迹是连续

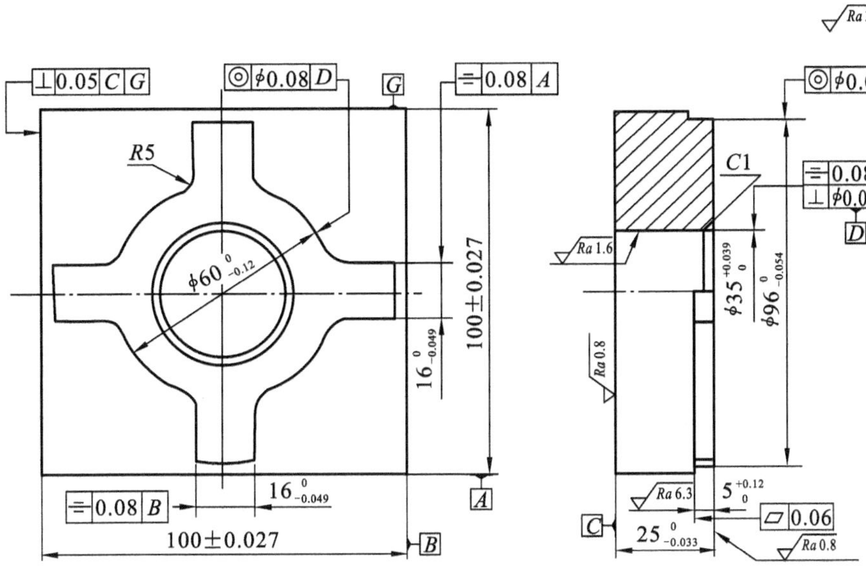

图 6-12　十字型腔零件图

的、无阻碍的圆滑过渡连接。采用零件轮廓的数控铣削加工即可。

（3）零件数控铣削加工前,公差为 0.039 mm 的 $\phi35$ mm 圆柱孔与零件的下平面已加工完毕,它是零件的装配基准和数控铣削加工的定位基准。

（4）一般轮廓加工用圆柱形铣刀的侧刃来进行切削工件,以形成一定尺寸和形状的轮廓。在切削加工工件的外轮廓时,刀具切入和切出时要注意避让夹具,并使刀具切入点的位置和方向尽可能选择在切削轮廓的延长线上或在切线方向上进刀,以使刀具切入时受力平稳。

（5）使用的夹具有心轴、螺栓、虎钳等。

（6）使用 $\phi20$ mm 普通立铣刀进行零件周边及零件型腔周边的加工,使用 $\phi10$ mm 普通立铣刀进行零件型腔周边的加工,就可以达到加工要求。

（7）零件装夹方式采用两种方式。方式Ⅰ是在立式数控铣床上,用定位心轴装夹零件,使用 X、Y 轴联动实现直线圆弧功能,通过控制加工中进刀、退刀和轨迹曲线加工的运动,来进行十字型腔零件的数控铣削加工。该方式的优点是定位精度可靠,可以在零件的一次装夹定位中,完成零件周边和型腔的全部加工;缺点是需要制作简单的专用定位心轴工装。方式Ⅰ适合于中等以上批量的零件加工。方式Ⅱ是在立式数控铣床上,使用机用虎钳直接装夹零件,利用 X 向、Y 向运动的单向运行或联动运行控制加工中进刀、退刀和轨迹曲线加工的运动,先加工零件的周边两平面和型腔的型面轨迹,再加工零件周边另外两平面。方式Ⅱ的优点是装夹简单可靠,利用通用夹具就可以进行零件的装夹定位;缺点是在一次装夹定位中,只能完成零件周边两平面和型腔轨迹加工,零件周边另外两平面的加工需要进行二次装夹定位。方式Ⅱ适合于单件和中小批量的零件加工。

(8) 铣削前的工艺处理：车削加工十字型腔零件内孔及毛坯两端面达加工要求，用做后续铣削装夹的工艺基准。

2. 数控铣削加工过程

1）采用装夹方式Ⅰ时的加工过程

采用方式Ⅰ时用定位心轴装夹进行十字型腔零件的数控铣削加工过程。

（1）利用零件 ϕ35 mm 圆柱孔及端面作为定位基准，利用定位心轴装夹零件，并将定位心轴及其零件直接固定在铣床工作台上进行工装夹。

（2）工件坐标系的原点设置在工件下面的中心，工件安装和零点设定卡见表 6-3。

表 6-3 工件安装和零点设定卡

零件图号	********	数控加工工件安装和 零点设定卡		工序号	********
零件名称	十字型腔			装夹次数	1次

加工示意图 安装与工件坐标系零点设定

编制日期		批准（日期）		第　页	序号	夹具名称	夹具图号
				共　页		定位心轴	********

（3）数控铣削加工分粗加工和精加工二次切削进行，其工序如下所述。

① 粗铣加工　使用 ϕ20 mm 立铣刀，加工工件周边，留精加工余量 0.6 mm（单边）。

② 精铣加工　使用 ϕ20 mm 立铣刀，加工工件周边成形并达到加工要求。

③ 粗铣加工　使用 ϕ20 mm 立铣刀，加工型腔轮廓，留精加工余量 0.6 mm（单边）。

④ 精铣加工　使用 ϕ10 mm 立铣刀，加工型腔轮廓成形并达到加工要求。

粗、精加工使用不同规格的铣刀，可以共用相同的加工程序，以利于曲线轨迹精度的控制和表面粗糙度的保证。数控铣削加工中的切入点、切出点均设置在运行轨迹的延长线上。机床刀具运行轨迹如图 6-13 所示。

2）采用装夹方式Ⅱ时的加工过程

采用方式Ⅱ时用机用虎钳装夹进行十字型腔零件的数控铣削加工。

数控铣削加工安装方式利用预加工后的零件外形 B、C、G 基准平面（如图 6-12 所示）作

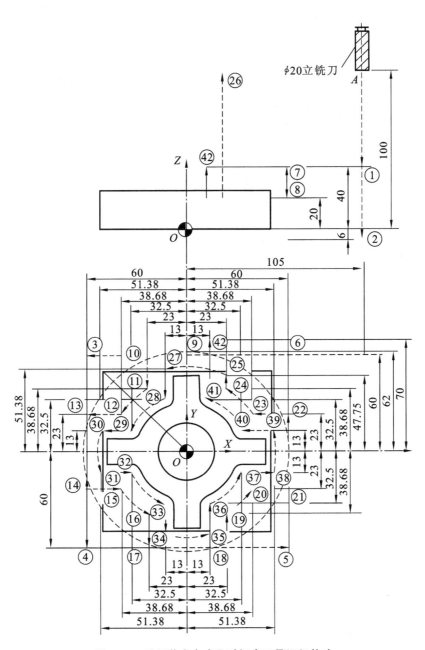

图 6-13　采用装夹方式Ⅰ时机床刀具运行轨迹

为定位基准,使用机用虎钳装夹零件加工零件的十字型腔。工件坐标系的原点设置在工件下表面的中心。数控加工工件安装和零点设定卡见表 6-4。加工工序和切削用量的选择确定与采用装夹方式Ⅰ时相同。数控铣削加工中的切入点、切出点均设置在运行轨迹的延长线上。机床刀具运行轨迹如图 6-14 所示。

表 6-4 十字型腔零件数控加工工件安装和零点设定卡

零件图号	*******	数控加工工件安装和		工序号	*******
零件名称	十字型腔	零点设定卡		装夹次数	1次

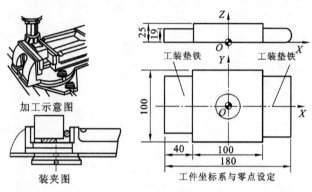

编制日期		批准（日期）	第 页	序号	夹具名称	夹具图号
			共 页		机用虎钳	*******

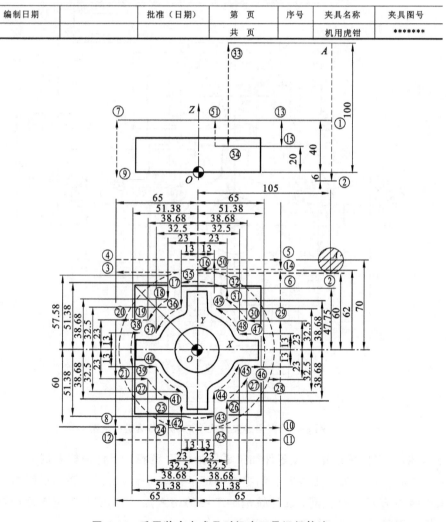

图 6-14 采用装夹方式Ⅱ时机床刀具运行轨迹

3. 实习重点及步骤

重点观察数控铣床坐标轴的表示方法,坐标系与坐标原点、起始点之间的关系在现场是怎样应用的,数控铣削加工时是怎样对刀的,以及使用的夹具有何特点。注意数控加工时刀具切入和切出的方法,了解数控铣换刀时需要哪些刀补的输入。

6.4.3　数控加工中心加工

图 6-15 所示支架零件的加工方法、工作内容、刀具选择及切削用量的确定见工艺过程卡(见表 6-5)。

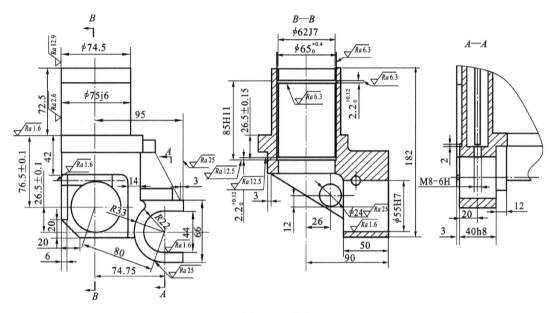

图 6-15　支架

表 6-5　支架数控加工工艺过程卡

数控加工 程序卡片	产品型号	×××	零件名称	支架	程序号	05098	全 1 页	
	零件图号	××-00000	材料	HT200	编制	×××	第 1 页	
工步号	工序内容	刀具				切削用量		
		刀具号	种类规格	刀长	辅具	转速/ (r/min)	余量 /mm	进给量 /(mm/min)
1	B0°							
2	粗镗 44 mm 尺寸	T02	ϕ42 mm 镗刀			300	45	
3	粗铣 U 形槽	T03	ϕ25 mm 长刃铣刀			200	60	
4	粗铣 40h8 mm 尺寸左面	T04	ϕ30 mm 立铣刀			180	60	
5	B180°							
6	粗铣 40h8 mm 尺寸右面	T04						

| 数控加工
程序卡片 | 产品型号 | ××× | 零件名称 | 支架 | 程序号 | 05098 | 全 1 页 |
| | 零件图号 | ××-00000 | 材料 | HT200 | 编制 | ××× | 第 1 页 |

| 工步号 | 工序内容 | 刀 具 | | | | 切削用量 | | |
		T 码	种类规格	刀长	辅具	转速/ (r/min)	余量 /mm	进给量 /(mm/min)
7	B270°							
8	粗镗 φ62J7 mm 孔至 φ61 mm	T05	φ61 mm 镗刀			250	80	
9	半粗镗 φ62J7 mm 孔至 φ61.85 mm	T06	φ61.85 mm 镗刀			350	60	
10	切 2 个 φ65 mm×2.2 mm 空刀槽	T07	φ50 mm 切槽刀			200	20	
11	φ62J7 mm 孔两端倒角	T08	倒角镗刀			100	40	
12	B180°							
13	粗镗 φ55H7 mm 孔至 φ54 mm	T09	φ54 mm 镗刀			350	60	
14	φ55H7 mm 孔两端倒角	T11	φ66 mm 倒刀			100	30	
15	B0°							
16	精铣 U 形槽成	T03						
17	精铣 40h8 mm 尺寸所限定左端面至要求	T12	φ66 mm 镗刀			250	30	
18	B180°							
19	精铣 40h8 mm 尺寸所限定右端面至要求	T12						
20	精铣 φ55H7 mm 孔	T13				450	20	
21	B270°		φ55H7 mm 镗刀					
22	铰 φ62J7 mm 孔	T14	φ62J7 mm 铰刀			100	80	

1. 数控加工工艺分析

1）零件的结构特点

该零件为支架类零件,小批量生产。该工件结构复杂,精度要求较高,各加工表面之间有较严格的位置度和垂直度等要求。铸件毛坯有较大的加工余量,零件的工艺刚度低,特别是加工 40h8 mm 尺寸时,如用常规加工方法在普通机床加工,很难达到图样要求。

2）加工坐标原点

加工支架时,共设定 3 个工件坐标系:

（1）B270° G54 X0、Y0 设在 φ62J7 mm 孔轴线上,Z0 设在 72.5 mm 尺寸上面 60 mm 处;

（2）B180° G55 X0、Y0 设在 φ55H7 mm 孔轴线上,Z0 设在 B—B 视图 90 mm 尺寸右面上;

（3）B0° G56 X0、Y0 设在 U 形槽 R22 mm 尺寸中心上,Z0 设在 U 形槽 3 mm 尺寸

右面上。

3) 工艺步骤

该支架使用卧式加工中心加工。根据零件外形及图样要求,支架在加工时,以 $\phi75j6$ mm 外圆及 (26.5 ± 0.15) mm 尺寸上面定位(两定位面均在支架零件加工中心上),加工的部位 为 $\phi62J7$ mm、$\phi55H7$ mm、$\phi65$ mm×2.2 mm 空刀槽、44 mmU 形槽、$R22$ mm 圆弧面、40h8 mm 尺寸所限定的两端面。

4) 加工程序

编制程序如下。

O0098

N1　G30　Y0　M06　T02;

N2　B0;　　　　　(工作台转至 0°)

N3　G00　G90　G56　X0　Y0;

N4　G43　Z40.0　H02　S300　M03;

N5　G98　G81　Z−55.0　R10.0　F45;

N6　G00　G49　Z350.0　M05;

N7　G30　Y0　M06　T03;

N8　X−50.0　Y70.0;

N9　G43　Z−60.0　H03　S200　M03;

N10　G01　G41　Y0　D33　X35.0　Y20.55　F80;

N11　X21.5;

N12　X0;

N13　G03　X21.5　Y0　I121.5;

N14　G01　Y20.55;

N15　X35.0;

N16　G40　X50.0　Y70.0;

N17　G00　G49　Z350.0　M05;

N18　G30　Y0　M06　T04;

N19　X−50.0　Y70.0;

N20　G43　Z−60.0　H04　S180　M03;

N21　G01　G41　Y0　D33　X35.0　Y31.55　F60;

N22　X−21.5;

N23　Y0;

N24　G03　X21.5　Y0　I121.5;

N25　G01　Y20.55;

N26　X35.0;

N27　G40　X50.0　Y70.0;

……

……

……

N46　G30　Y0　M06　T07；

N47　X0　Y0；

N48　G43　Z－76.2　H07　S200　M03；

N49　G01　X7.6　F20；

N50　G02　I－7.6　F30；

N51　G04　X0.5；

N52　G00　X0；

N53　Z－159.0

N54　G01　X7.6　F20；

N55　G02　I7.6；

N56　G04　X0.5；

N57　G00　X0；

N58　G00　G49　Z350　M05；

N59　G30　Y0　M06　T08；

N60　X0　Y0；

N61　G43　H08　Z0　S100　M03；

N62　G98　Z61.5　R－53.0　P500　F40；

N63　G87　Z－173.0　R－185.0　Q4.0；

N64　G00　G49　Z350　M05；

N65　B180；

N66　G30　Y0　M06　T09；

N67　G00　G55　G90　X0　Y0；

······

······

N103　G30　Y0　M06　T13；

N104　G00　X0　Y0；

N105　G43　Z10.0　H13　S450　M03；

N106　G98　G76　Z－60　R7.0　Q0.3　F15；

N107　G00　G49　Z350.0　M05；

N108　G30　Y0　M06　T14；

N109　B270；

N110　G00　G90　G54　X0　Y0；

N111　G43　Z0　H14　S100　M03；

N112　G98　G86　Z－200.0　R53.0　F50；

N113　G00　G49　Z350　M05；

N114　M30；

2. 实习重点

实习中重点观察数控加工中心的组成、刀库特点、各种刀具的刀柄及自动换刀过程。了解零件加工位置精度的保证方法,数控加工中心各轴的标示,工作台的分度回转指令。注意观察不同加工内容,了解粗、精加工之间的转换是怎样体现基准统一、基准重合、互为基准、自为基准、粗精分开原则的。注意精镗孔之前要先切槽及倒角。了解工作台旋转后,首先要设定其指定的加工坐标系的原因。

6.4.4　数控线切割加工

图 6-16 所示的凹模零件,机械加工工艺过程如表 6-6 所示。

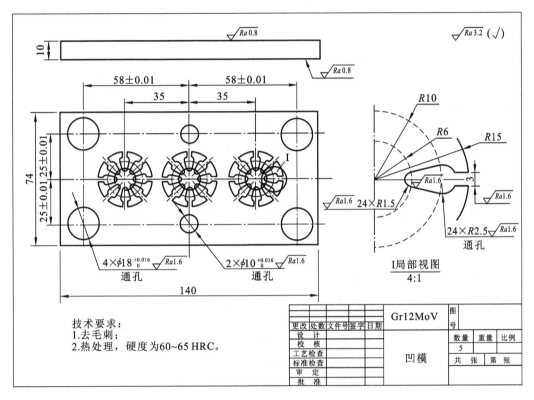

图 6-16　凹模

表 6-6　凹模零件机械加工工艺过程卡

工序号	工序名称	工 序 内 容	设备
1	下料	ϕ50 mm×126 mm	锯床
2	锻造	胎模锻,毛坯尺寸为 145 mm×78 mm×13 mm	
3	热处理	退火	
4	铣	铣上、下平面及四周	铣床
5	钻	钻工艺孔	钻床

续表

工序号	工序名称	工 序 内 容	设备
6	热处理	淬火处理及高温回火	
7	磨	磨上、下平面	磨床
8	线切割	切割所有孔,并修整、去毛刺	
9	检		

1. 加工工艺分析

(1) 零件为模具类零件,材料为合金工具钢 Gr12MoV,其强度、耐磨性等要求较高,毛坯为锻件。

(2) 零件虽未标注有关几何公差,但上、下平面的平行度,所有孔的相互位置及安装平面的垂直度都必须控制在较小的误差内,否则会影响该零件的安装和使用性能。所以在最终的加工中,以平面磨削的方式来保证上、下两平面的平行度和表面粗糙度;以线切割快走丝的方式,在一次装夹中来加工各正常孔和异形孔,以保证各孔之间的相互尺寸精度及相互位置精度,以及粗糙度的要求,即可最终达到加工出该零件的目的。

(3) 加工顺序体现了基面先行、先粗后精、先热处理后精加工的原则。

(4) 零件为板状类,这里采用两端支承法装夹。

2. 实习重点

了解线切割加工过程,线切割使用的刀具(钼丝),观察轮廓线切割的加工轨迹。

思 考 题

1. 数控加工过程与传统加工过程有何不同?

2. 数控设备的结构特点有哪些?

3. 当数控加工尺寸不符合加工要求时,是怎样实现进给的?

4. 刀具运行轨迹和零件的实际形状的区别在哪?

5. 加工首件零件时调试加工过程是怎样进行的?

6. 批量生产时,数控车削的轴向定位怎样实现? 当每个毛坯长度有误差时,要保证轴向尺寸要求,应怎样处理?

7. 试述数控车削、铣削、加工中心刀具特点及对刀过程。

8. 数控加工为什么要进行刀补? 试述具体操作过程。

9. 数控加工中心的刀库有哪些形式? 自动换刀装置有哪些类型? 试述工作原理。

10. 试述数控回转工作台、数控机床夹具特点。

第7章 装配实习

7.1 装配生产及管理特点

任何机器皆由若干部件和零件组成。按技术要求将零件连接成部件的过程称为部件装配,将零件和部件连接成机器的过程称为总装配。

装配一般在机器制造过程的最后进行。装配质量好坏与否,对整台机器质量起着决定性作用。采用合理的装配工艺,常可补偿机械加工误差,从而提高产品质量。在装配过程中,常能发现不合格零件,发现生产过程中的薄弱环节,使我们能加以更正和改进。反之,若装配工艺不合理,即使采用合格零件,也可能装配出不合格的机器来。

装配的生产类型按批量可分为大批量生产、中批量生产、小批量及单件生产三种。因此装配的组织形式、方法、工艺装备等均有所不同。各种生产类型装配工作的特点见表7-1。

表 7-1　各种生产类型装配工作的特点

项　目	单件小批生产	中批生产	大批大量生产
产品变换	产品经常变换,生产周期一般	几种产品分期交替投产,或同时投产	产品固定,长期重复生产、生产周期较短
装配方法	以修配法及调整法为主,完全互换法占有一定的比例	主要采用完全互换法,也采用其他方法,以便节省加工费用	按完全互换法装配,允许调整及分组互换装配
工艺过程	工艺过程的划分较粗,工序内容可适当调整	工艺过程的划分要与批量大小相适应	工艺过程的划分很细,各工序尽量均衡
设备、工装	一般为通用设备及工、夹、量具	通用设备及工、夹、量具较多,但也采用一定数量专用的设备及工、夹、量具	采用专用、高效设备及工艺装备,易于实现机械化、自动化
生产组织形式	多用固定式装配	根据批量不同,采用固定式装配或流水装配	流水装配线,还可采用自动装配机或自动装配线
手工操作	手工操作的比重很大,要求工人技术水平高	手工操作占一定的比重,对工人技术水平要求较高	手工操作比重较小,对工人技术水平要求较低
举例	重型机床、重型汽车、汽轮机、大型内燃机等	机床、机车、车辆、中小型锅炉、矿山采掘机械,某些汽车、拖拉机等	汽车、拖拉机、内燃机、滚动轴承、手表、缝纫机、自行车、电气开关等

7.2　装配车间使用的设备及布置特点

7.2.1　装配车间的布置特点

　　装配车间按照装配内容和批量大小不同,其布置形式不同。对于单件小批量装配,一般是在加工车间的一侧,进行集中装配。大批量生产则有专门的装配车间,按流水线的形式布置。装配流水线的布置又受装配线设备、产品、人员、物流运输以及生产方式等多种因素的影响。装配线平面布置的类型有直线型、U型、分支型等。

　　进行直线移动式(见图7-1)装配时,将基础件依次移动到各个装配工位,与此相适应,装配件的给料装置出口位于装配工位上,这样装配件可依次相应地到达装配工位上。

图 7-1　直线移动式装配

　　U型、分支型等装配方式如图7-2所示。装配基础件固定,各个装配件移动,并按照装配顺序,依次移动到装配基础件位置上进行装配,装配工位只有一个。

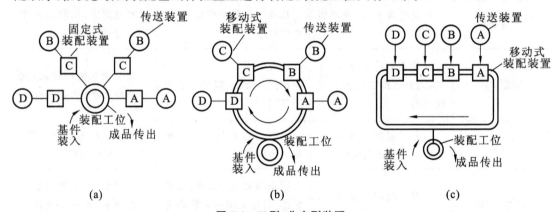

图 7-2　U型、分支型装配

(a)装配件位置固定不变;(b)装配件沿环形传送装置移动;(c)装配件沿框形传送装置移动

7.2.2　装配车间使用的设备

1. 钻床

　　当零部件上的孔必须在装配成合件后再进行钻孔、扩孔、铰孔和攻螺纹时,装配车间就应当按所加工孔的尺寸大小、加工精度不同来选备立式钻床、摇臂钻床或台式钻床。

2. 压装设备

　　装配过程中,为了保证装配质量、减轻工人的劳动强度,当装配齿圈、轮毂、轴承或衬套时,若与其连接件间的配合为轻度或中度的过盈配合或过渡配合,就应使用不同的压装设备。装配中使用的压装设备有两大类:标准设备和专用设备。为提高装配效率和装配精度要配置专用夹具。

1）标准设备

标准设备主要有单柱校正液压机和气动压床两种。

（1）单柱校正液压机　图 7-3 所示为单柱校正液压机,它在装配中使用较多。它是根据液压原理,利用油液为工作介质,经过液压传动系统,将电动机的机械能转变为液压能,再转变为工作机构运动机械能的一种设备。单柱校正液压机可用手柄或脚踏板进行操作,压力可在规定范围内进行调节,行程大小可以控制,操作较为简便。液压机由液体传动,压装工作平稳,无冲击震动,有益于操作者的精力集中和保证装配质量。

（2）气动压床　气动压床是将压缩空气的动能转变为机械能的一种设备,根据不同的压装要求可选用立正或卧式的压装设备。气动压床的工作压力是用杠杆比来调整的,工作行程是用压杆上的螺母来调整的,气缸的启动采用脚踏配气阀控制。

图 7-3　单柱校正液压机

2）专用设备

专用设备主要有卧式专用气动压床和悬挂式专用压床。

（1）卧式专用气动压床　压装有些长轴类的零件时,采用立式压床不易装配和操作,所以采用加长的卧式气动压床。

（2）悬挂式专用压床　悬挂式专用压床便于随着流水线移动并在适当范围内仍可进行压装,它可有气压和液压两种动力源。

3. 清洗设备

装配车间零部件在经装配前和装配后需经过两次清洗,在喷漆前还要经清洗一次。单件或小批量装配的零件一般采用清洗槽或固定式清洗装置,而大批量连续生产装配的零部件一般采用清洗机。喷漆前的清洗则采用清洗室。

4. 起重运输设备

起重运输设备主要用于完成工序之间半成品位置转换,如图 7-4 所示。

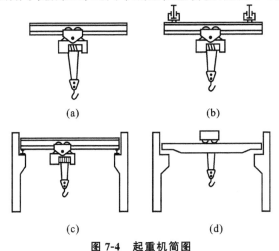

(a)　　　　　　　　(b)

(c)　　　　　　　　(d)

图 7-4　起重机简图

（a）单轨起重机；（b）悬挂起重机；（c）梁式起重机；（d）桥式起重机

（1）单轨起重机　单轨起重机是根据车间平面布置、厂房结构和装配工艺要求设置的单轨起重机。在单轨上配备有电动葫芦及气动或手动吊具。轨道通常按工序间的使用要求做成直线形、曲线形或环形。单轨起重机结构简单，但工作范围较窄，仅限于轨道附近不远范围内的吊装工作。

（2）单梁悬挂起重机　单梁悬挂起重机能在一个平面区域内起吊零部件，便于装配工作，因此比单轨起重机优越得多，但当在同一平面区域内有几个工作点同时使用时，就要等待而浪费工时。

（3）梁式起重机和桥式起重机　梁式起重机和桥式起重机一般用于厂房一个跨度的全跨度内的吊装工作，适于试车和修理时用。

（4）摇臂吊　图 7-5 所示摇臂吊属于固定旋转起重机，可在 360°范围内旋转，但作业面小，只限附近一个区域内使用。

（5）平衡吊　图 7-6 所示平衡吊，其起重量小，横臂用平行四边形连杆机构，使物料吊起后能平衡，在使用中若停电或手离开操作手柄，传动件能自锁住。平衡吊适用于固定和移动装配中，工作较繁重而所吊运零部件较轻的场合。

图 7-5　摇臂吊　　　　　　　　　　　　　图 7-6　平衡吊

（6）电动葫芦　电动葫芦适用于工作不频繁和工作速度不高的场所。

5. 运载设备

运载设备有电瓶车、平衡重式叉车、简易托盘车等。

6. 连续输送设备

（1）滚道（辊子输送机）　滚道是由支架和自由转动的滚筒组成的，可做成直线形、曲线形、倾斜式、单排、双排、交叉等各种形式。滚道间尚可加入翻转架或转盘等，使零部件转位、转向，便于装配。

（2）滑道　滑道是靠物料或零件的自重下滑的输送装置，滑道的斜角和下滑速度根据物料而定。按使用要求滑道有滑板式、滑杆式、溜槽式、螺旋式等形式，按形状分有弯道、曲折和波形等形式，也可做成固定式移动的各种形式。滑道用于装配零部件或组成简易流水线。

（3）轨道小车　轨道小车由四个小轮、车轴、支架、装配平台和相应的附件组成。

（4）悬挂输送机　悬挂输送机的功能是将零部件悬挂在运行中的轨道牵引链上，以达到输送的目的。

（5）装配传送带　装配传送带由驱动装置、张紧装置、金属构架和传动链组成，用于总装配和大部件的装配。

（6）试验设备、加油设备。

7．装配用的工具

装配用的手动工具有手锤、扳手、钳子、螺钉旋具等。自动工具有电动旋具、气动旋具、气动螺丝枪、弯头气动扳手、可控扭矩及转角拧紧机等。

在装配中，螺纹连接的松紧程度，对装配质量起决定性作用。若拧紧力矩过小，会引起松动，容易造成事故；若拧紧力矩不均匀，会使被连接件产生变形，导致漏油、漏水、漏气。因而在装配技术条件中，对重要部件的螺纹连接规定了紧固力矩。表 7-2 是对汽车发动机规定的螺栓紧固力矩要求。

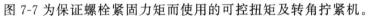

表 7-2　发动机螺栓紧固力矩要求

螺　栓	装配力矩 /（N·m）	检查力矩 /（N·m）	螺　栓	装配力矩 /（N·m）	检查力矩 /（N·m）
油底壳螺栓	10～20		离合器壳与缸体螺栓	80～100	
正时齿轮盖板螺栓	15～25		前悬置螺栓	80～100	
火花塞	25～35	20～50	飞轮与曲轴螺栓	100～120	
进排气管螺栓	30～40	＞30	正时齿轮与凸轮轴螺母	130～160	
摇臂支座螺栓	35～40	35～60	主轴盖螺栓	170～190	170～240
连杆螺栓	80～100	80～135	缸盖螺栓	170～190	170～230

图 7-7 为保证螺栓紧固力矩而使用的可控扭矩及转角拧紧机。

图 7-7　可控扭矩及转角拧紧机

7.3 装配工艺

为了保证装配质量、提高生产效率,常常将机器划分成可独立装配的装配单元——零件、组件、部件,然后按一定的顺序进行装配。因此,常常需要绘制装配工艺系统图,以反映装配的顺序。

7.3.1 绘制装配工艺系统图绘制

(1)画一条水平直线,在直线左端画一长方格,并填写基准件名称——低速轴、编号、参与装配的数量。

(2)横线右端画一长方格,并填写装配后的成品名称——低速轴组件、编号、数量。

(3)按从左到右为装配先后顺序,画出各个长方格,横线上填写直接进行装配的有关零件信息,横线下方填写进入装配的组件信息。按以上所述方式画出的装配工艺图如图 7-8 所示。

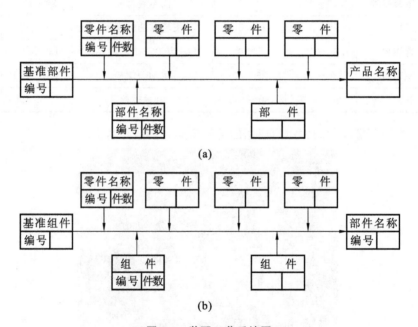

图 7-8 装配工艺系统图

(a)产品的装配系统图;(b)部件的装配系统图

某低速轴组件(见图 7-9)的装配系统图如图 7-10 所示。

若一台机器结构比较复杂,则装配工艺系统图也很复杂,这时可将各组件的装配工艺系统图分开绘制。直接进入总装配的部件称为组件;直接进入组件装配的部件称为一级子组件;直接进入一级组件装配的部件称为二级子组件……依次类推。图 7-11 所示即为按上述方式绘制的机器装配工艺系统图。

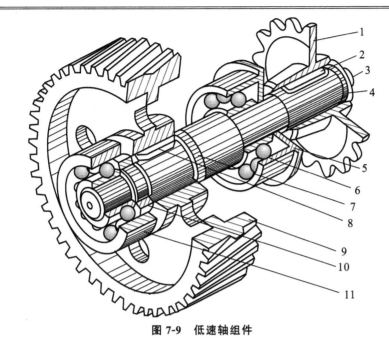

图 7-9 低速轴组件

1—链轮;2、8—键;3—螺钉;4—轴端挡圈;5—可通盖;6、11—滚珠轴承;

7—低速轴;9—齿轮;10—套筒

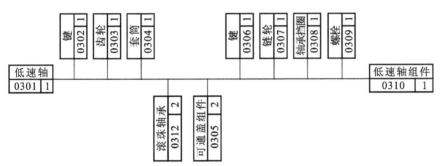

图 7-10 某减速器低速轴装配工艺系统图

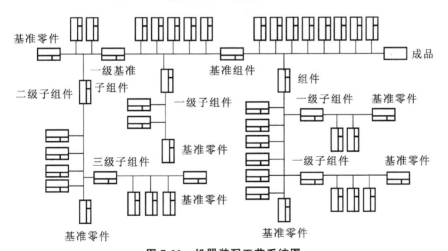

图 7-11 机器装配工艺系统图

7.3.2 保证装配精度的方法

根据不同的装配对象和生产条件,为了确保装配精度,所采用的装配方法可分为完全互换法、不完全互换法、选配法和调整法。

1. 完全互换法

采用完全互换法时,加工合格的零件无须经选择和修配,全部装配后即可达到规定的装配精度。

2. 不完全互换法

采用不完全互换法时,绝大部分零件可按完全互换法进行装配,但少量处于极限尺寸附近的超差零件,经过选择和修配再作装配。

3. 选配法

采用选配法时,零件加工后按实际尺寸大小分组装配。因在每组内零件具有互换性,也称分组互换法。

4. 修配法

采用修配法时,零件加工后先进行试装配,若发现不能达到装配精度,则需对该零件进行修配加工,以满足装配精度。

5. 调整法

大批量生产的汽车、拖拉机、发动机的装配工艺,主要是采用完全互换法装配,只允许少量零件用调整法装配。装配工艺过程必须划分得很细,采用工序分散原则,以达到高度的均衡性和严格的节奏性,采用高效率的专用工艺装备为基础,建立移动式装配流水线或装配自动线。

单件、小批生产则以调整法及修正法为主,完全互换件只占有一定的比重,工艺灵活性较大,工序集中,工艺文件不详细,设备通用,生产效率较低,劳动强度较大。

对加工的零件进行试装配时,通过调整某活动件的位置或调整垫片的方法,来确保装配精度。汽车生产中,绝大多数零件采用完全互换法,但在发动机中,部分要求高精度装配的零件常采用分组选配法或调整法进行装配。

7.4 发动机装配过程举例

7.4.1 发动机总装配过程

发动机的装配是在装配生产线上进行的,共有一百多道工序。由于活塞与气缸的配合精度高,所以其装配必须在 15～30 ℃恒温下进行。发动机总成装配设主干线一条,而在主干线两侧设有分装线。步骤如下所述。

(1) 采用小车将组装完毕的组件送到主干线的装配工位。

(2) 主干线的前部称为内装线,主要进行曲轴、活塞、连杆、凸轮轴及正时齿轮、机油泵和传动齿轮、油底壳等发动机内腔零件的装配工作。

(3) 通过翻转夹具进入外装线,主要完成气缸盖、配气系统、水泵、分电器等发动机外部零件的装配工作。

(4) 安装变速箱→喷漆→烘干→安装化油器→安装发电机→安装汽油泵→安装发动机等。

（5）终检→打标记→送往试车车间。

7.4.2　发动机装配工艺特点

1. 装配基础件

汽车发动机组成可概括为两大机构（曲柄连杆机构、配气机构）五大系统（进排气系统、供油系统、冷却系统、润滑系统、启动系统）。

曲柄连杆机构中的机体组件——气缸体、气缸盖、缸套和油底壳等，是发动机各机构、各系统的装配基础件，它本身的许多部分又是有关机构和系统的组成部分。

2. 主要配合件的装配方法

图 7-12 所示的六缸发动机的曲轴-连杆-活塞机构是发动机的主要部分，该机构许多构件的配合精度要求较高，所采用的装配方法对产品质量、生产率、成本影响很大。

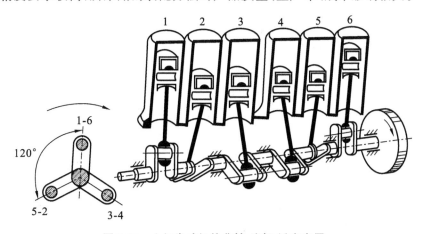

图 7-12　六缸发动机的曲轴-连杆-活塞布置

装配时，对于活塞-缸孔、活塞销-活塞销孔、活塞销-连杆小头孔等配合均采用分组选配的方法，既能达到装配精度，又能使零件的制造公差不致过小而增加成本。

1）活塞与气缸的装配

EQ6100-I型发动机气缸体孔的直径设计尺寸为 $\phi 100^{+0.06}_{0}$ mm，活塞直径为 $\phi 100^{0}_{-0.06}$ mm，而两者配合间隙的设计要求为 0.05～0.07 mm。若配合间隙过大，会出现机油和汽油串漏，导致压缩比不够，功率下降；若配合间隙过小，不易形成油膜，则容易拉缸，甚至导致发动机报废。为此应采用分组选配法，按照 0.01 mm 的公差，将气缸体孔和活塞直径分为六个不同尺寸组配对进行装配，以确保配合间隙的设计要求。分组情况如表 7-3 所示。

表 7-3　气缸体孔与活塞的分组　　　　　　　　　　　　　单位：mm

组号	气缸体孔直径系列	活塞直径系列
1	100.000～100.006	99.955～99.961
2	100.006～100.012	99.961～99.967
3	100.012～100.018	99.967～99.973
4	100.018～100.024	99.973～99.979

续表

组号	气缸体孔直径系列	活塞直径系列
5	100.024~100.030	99.979~99.985
6	100.030~100.036	99.985~99.991
7	100.036~100.042	99.991~99.997
8	100.042~100.048	99.997~100.003
9	100.048~100.054	100.003~100.009
10	100.054~100.060	100.009~100.015

为保证发动机运转平稳,必须使活塞运动时的冲击力与惯性力达到平衡。为此,活塞、连杆均按质量分组,要求同组活塞的质量差别不大于 8 g,同组连杆的质量差别不大于 16 g。在装配过程中,将组号相同的活塞、连杆装配在同一个发动机内。

2)活塞连杆总成的装配

将活塞销、活塞销孔、连杆小头孔分别分成四组,标记分别为红、黄、绿、白四色,尺寸自小而大,装配时将同一尺寸组别的零件装在一起。活塞销装配分组情况见表 7-4。

表 7-4　活塞销装配分组尺寸　　　　　　　　　　　　　　单位:mm

标记	组别	活塞销 $\phi 28^{+0.0075}_{-0.0075}$	活塞销孔 $\phi 28^{+0.005}_{-0.010}$	配合情况	
				最小过盈	最大过盈
粉红	I	28.0075~28.0050	28.0050~28.0025		
绿	II	28.0050~28.0025	28.0025~28.0000		
蓝	III	28.0025~28.0000	28.0000~27.9975	0	0.0050
红	IV	28.0000~27.9975	27.9975~27.9950		
白	V	27.9975~527.9950	27.9950~27.9925		
黑	VI	27.9950~27.9925	27.9925~27.9900		

注意:装配时,应先将活塞加热至 75 ℃左右,使配合间隙增大而易于装配,再用手轻轻将活塞销推入活塞销孔中。发动机工作时,活塞销在连杆小头孔及活塞销孔中均可灵活转动,实现全浮式配合,这样有利于延长发动机的寿命。

3)发动机装配中的调整法

装配中采用调整法安装配气系统进、排气门间隙、机油调节阀、曲轴与凸轮轴的间隙等。

配气系统进排气门间隙调整时,排气门间隙应略大于进气门间隙,因为前者温度高于后者。装配时,将活塞摇到压缩行程终点位置,按气缸工作顺序和配气相位进行气门间隙的调整。若间隙过小,会影响气门头部与气门座的密封,导致气门关闭不严而漏气、回火。若间隙过大,气门开启和关闭时会造成冲击和噪声。

曲轴轴向间隙应符合技术要求,以保证曲轴位置正确。若轴向间隙过大,会产生轴向窜动和撞击,造成气缸活塞的不均匀磨损;若轴向间隙过小,会增大摩擦,甚至无法工作。

　　活塞顶面与气缸盖底面间隙大小直接影响发动机的压缩比,对发动机功耗、油耗及启动性能都有较大的影响,应特别注意。

　　Q6100 发动机总装配工艺过程卡片如表 7-5 所示。

表 7-5　Q6100 发动机总装配工艺过程卡片

工序	内　　　容	工序	内　　　容
1	吊缸体	25	翻转缸体
2	缸孔直径测量分组	26	打木封条
3	缸体平面回转	27	紧固连杆力矩
4	缸体复合翻转	28	连杆力矩复验
5	吊缸体上发动机内装线	29	安装曲轴上正时齿轮半圆键
6	松主轴承瓦盖	30	安装曲轴上正时齿轮
7	取瓦盖	30J	中检
8	安装曲轴后油封	31	安装前主油道螺塞
8J	中检	32	打定位销
9	吹净、吸除铁屑	33	安装双头螺栓
9J	中检	34	安装正时齿轮室盖板
10	装轴瓦	35	吹净
10J	中检	36	安装凸轮轴及正时齿轮总成
11	润滑主轴承轴瓦	36J	中检
11a	润滑主轴承螺栓	37	安装挡油片
12	吊曲轴上料架	38	安装正时齿轮室盖
13	安装曲轴飞轮离合器总成	38J	中检
14	安装组合翻边瓦总成	39	安装机油泵总成
15	安装主轴承瓦盖	39J	中检
16	紧固主瓦盖螺栓	40	安装离合器分离叉
17	主轴承盖螺栓力矩复验	41	安装分离叉半圆键
17J	中检	42	安装离合器外壳底盖
18	安装锥形螺塞	43	安装油底壳总成
19	安装机油散热器回油螺塞	43J	中检
20	安装正时齿轮喷油嘴	44	吊缸体、翻转缸体
21	90°翻转缸体	45	安装机油标尺管
22	安装活塞连杆总成	46	安装挺杆
23	安装连杆瓦盖	46J	中检
23J	在装配中检查	47	安装挺杆室盖板
24	安装管接头	48	安装定位环

续表

工序	内　　容	工序	内　　容
49	吹净、检查	75	安装曲轴箱通风管总成
50	擦净顶平面	76	安装曲轴箱通风管总成支架及放水阀限位板
51	向缸孔注油	77	安装火花塞
52	安装缸垫	77J	中检
53	安装缸盖	78	安装空压机支架
54	安装缸盖螺栓	79	安装空压机总成
55	缸盖螺栓力矩复验	80	安装回油管总成
55J	中检	81	安装进油管总成
56	安装吊钩	81J	中检
57	安装堵盖板	82	安装出水管
58	安装推杆总成	83	安装出水阀总成及操纵杆
59	安装气缸盖罩螺栓	84	安装离心式机油滤清器总成
60	安装摇臂轴总成	85	安装交流发电机支架
60J	中检	86	安装离心器外壳检查孔盖板
61	调整气门间隙	87	安装离心器分离叉臂及拉杆总成
61J	中检	88	安装变速箱总成
62	安装气缸盖罩总成	89	安装水泵总成,风扇皮带轮总成
63	安装曲轴箱通风空气滤清器总成	90	安装小循环管总成
64	安装分电器传动轴总成	91	安装前悬置总成
65	卸工艺接头	91J	中检
66	安装扭振减振器半圆键	92	不喷漆件的保护
67	安装扭振减振器总成	93	擦洗油污
68	安装启动爪	94	吊发动机上喷漆悬链
68J	中检	95	喷漆
69	安装机油滤清器总成	96	安装分电器总成
70	安装油压传感器导管接头	97	安装发动机总成
71	安装加机油管总成	98	安装油压传感器
72	安装进排气管总成	99	安装油压过低信号器
72J	中检	100	安装汽油泵总成
73	安装化油器螺栓	101	安装化油器总成
74	安装曲轴箱通风单向阀总成	102	安装真空连接管总成

续表

工序	内　容	工序	内　容
103	安装气油管总成	106	打印
104	安装交流发电机总成	106J	最后检查
104J	中检	107	吊挂发动机
105	插油标尺管总成		

7.5　变速器装配过程举例

图 7-13 所示变速器的装配是在变速箱厂装配线上进行的,主要是手工装配,但使用了随行夹具和辅助夹具。整个装配线呈"口"字形,变速器各轴(见图 7-14、图 7-15、图 7-16)为总体装配的组件,装配布置在装配线两侧。变速器装配完毕后,在试验机上进行运转试验,不合格者必须返修。

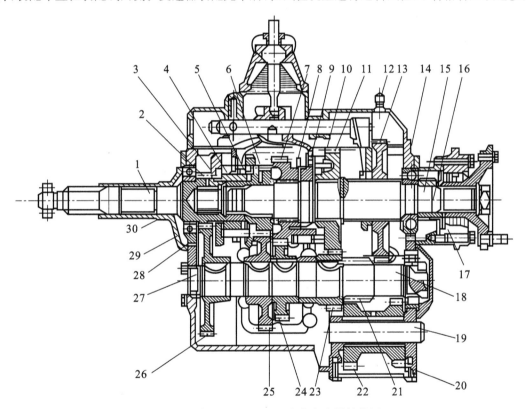

图 7-13　东风 EQ1090E 型汽车变速器结构图

1—第一轴;2—第一轴啮合齿轮;3—第一轴齿轮啮合齿圈;4、9—接合套;5—四挡齿轮接合齿圈;6—第二轴四挡齿轮;
7—第二轴三挡齿轮;8—三挡齿轮接合齿圈;10—二挡齿轮接合齿圈;11—第二轴二挡齿轮;12—通气塞;
13—第二轴倒挡滑动齿轮;14—变速壳体;15—第二轴;16—车速里程表传动齿轮;17—中央制动器底座;18—中间轴;
19—倒挡轴;20、22—倒挡中间齿轮;21、23—中间轴倒挡齿轮;24—中间轴三挡齿轮;25—中间轴四挡齿轮;
26—中间轴常啮合传动齿轮;27、28—花键毂;29—第一轴承盖;30—轴承盖回油螺纹

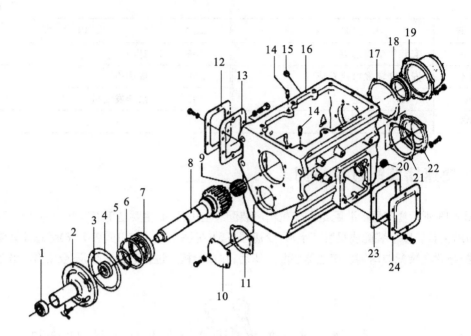

图 7-14　东风 EQ1090E 型汽车变速器（第一轴）

1—第一轴前轴承;2—第一轴轴承盖;3—第一轴轴承盖衬垫;4—轴用弹性圈(锁紧第一轴后轴承用);5—轴用钢丝挡圈;

6—第一轴后轴承;7—变速器第一轴;8—第二轴前轴承倒挡齿轮滚轴承;9—中间轴前轴承盖衬垫;

10—中间轴前轴承盖;11—取力孔盖;12—取力孔盖衬垫;13—方头锥形螺塞;14—变速器外壳;15—第二轴前轴承盖衬垫;

16—第二轴后轴承盖;17—里程表从动齿轮油封;18—里程表软轴接头;19—软接头;20—O 型橡胶密封圈;

21—中间轴后轴承盖衬垫;22—中间轴后轴承盖;23—倒挡检查孔盖衬垫;24—倒挡检查孔盖

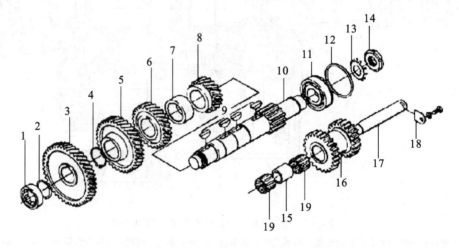

图 7-15　东风 EQ1090E 型汽车变速器（中间轴及倒挡轴）

1—中间轴前滚子轴承;2—中间轴圈;3—中间轴常啮合齿轮;4—轴用弹性圈;5—中间轴四挡齿轮;

6—中间轴三挡齿轮;7—中间轴隔套;8—中间轴二挡齿轮;9—中半圆键;10—变速器中间轴;

11—中间轴后轴承;12—轴用钢丝挡圈(装于中间轴后轴承外圈);13—螺母锁片;14—圆螺母;

15—倒挡齿轮滚针轴承隔套;16—倒挡齿轮;17—倒挡齿轮轴;18—倒挡齿轮轴锁片

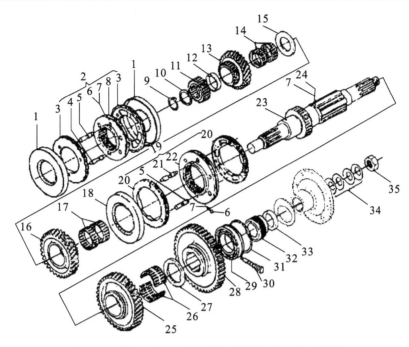

图 7-16 东风 EQ1090E 型汽车变速器(第三轴)结构图

1—四、五挡同步器锥形盘;2—四、五挡同步器锥环总成;3—四、五挡同步器锥环;4—四、五挡同步锁销;
5—四、五挡同步器及二、三同步器定位销;6—钢球;7—锁销弹簧;8—四、五挡滑动齿套;9—四、五挡固定齿座锁环;
10—四、五挡固定齿轮止推环;11—四、五挡固定齿座;12—四挡齿轮滚针轴承挡圈;13—四挡齿轮;
14—四挡齿轮滚针轴承;15—四挡齿轮止推环;16—三挡齿轮;17—三挡齿轮轴滚针轴承;18—三挡同步器锥盘;
19—二、三挡同步器锥环总成;20—三挡同步器锥环;21—三挡同步器锁销;22—二、三挡滑动齿套;
23—变速器第二轴;24—二挡齿轮止推锁销;25—二挡齿轮;26—二挡齿轮滚针轴承;27—二挡齿轮止推环;
28—一挡及倒挡齿轮;29—第二轴后轴承;30—里程表从动齿轮;31—轴用钢丝挡圈(装于第二后轴承外圈);
32—里程表主动齿轮;33—隔套;34—碟形弹簧;35—变速器凸缘锁紧螺母

变速器装配工艺过程如下所述。

(1) 将变速器壳体装在随行夹具上。

(2) 采用液压机将中间轴(Ⅲ轴)滚珠轴承压入变速器壳体轴承座中。

(3) 安放中间轴和倒挡轴(Ⅳ轴)齿轮于壳体内。

(4) 采用液压机装Ⅲ轴及滚珠轴承,压装Ⅳ轴。

(5) 安装Ⅲ轴轴端防松螺母和轴承端盖。

(6) 安放输出轴(Ⅱ轴)和同步器。

(7) 采用液压机装Ⅱ轴及滚珠轴承。

(8) 将随行夹具连同变速器壳体旋转 180°,安装手制动器。

(9) 安装输入轴(Ⅰ轴)和制动毂。

(10) 安装变速器顶盖。

(11) 安装变速器操纵杆和手制动杆。

(12) 在试验机上进行运转试验。

7.6 汽车总装配过程举例

汽车总装是在总装配线上进行,按照规定的生产节拍总装成一辆基型汽车,并进行试车和验收,然后将基型汽车送往车厢厂或其他汽车改装厂,安装车厢和其他装置后,即可向社会提供各种常见的汽车。

汽车总装配工艺流程如图 7-17 所示。

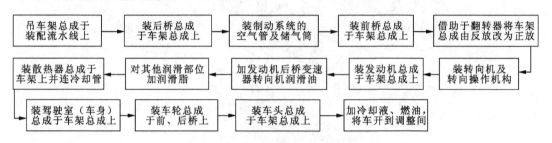

图 7-17 汽车总装配工艺流程

思 考 题

1. 怎样绘制装配工艺系统图?
2. 为什么缸孔与活塞需要进行分组装配?
3. 为什么发动机装配中需要规定各处螺纹连接的紧固力矩?
4. 简述发动机、变速器及汽车的装配工艺。
5. 现场装配使用了哪些装配夹具和工具?

第8章　生产技术部门实习

8.1　技术部门

机械制造业技术部门在组织上大致分为下列三类：研究开发部门、生产制造部门、技术管理部门。

技术部门的具体职责有以下几点。

（1）建立并完善产品设计、新产品试制、标准化技术规程、技术信息管理制度。

（2）组织编制新产品开发计划、技术研究计划、并组织实施。

（3）负责企业标准化编制工作，组织贯彻上级关于标准化工作的计划和方针、政策。组织贯彻上级发布的各种技术标准。

（4）按计划开展新产品设计、试验和研究、样品试制及测试工作，负责产品的试验、鉴定工作，参与产品的认证和质量监督活动。

（5）根据设计要求编制先进、合理的产品工艺方案、工艺文件，对产品图样、技术文件进行工艺审查。

（6）根据产品工艺方案、工艺文件，设计工艺装备和工序专用的工具、夹具、量具、检具，提供生产设备的工艺参数，申请购置生产设备。

（7）组织编制工艺管理制度，参与检查工艺纪律的贯彻执行情况。

（8）组织技术员参与生产服务及不良品的处理工作，解决产品在生产中出现的技术问题。

（9）组织人员对技术工艺文件和资料进行管理和控制，建立产品技术档案、工艺文件档案。

（10）负责完成权限范围内技术谈判工作，以及对所引进技术的消化和转化工作。

当企业走向正常化生产时，技术部门的大量工作是新产品的设计和工艺方案的制定，设计工艺装备和工序专用的工具、夹具、量具、检具，提供生产设备的工艺参数。

目前机械产品设计正由传统设计模式向现代设计模式转变。

传统设计模式的每一个环节都是依靠设计者用手工方式来完成的。大都是凭设计者直接的或间接的经验知识，通过类比分析法或经验公式来确定设计方案。对于特别重要的设计或计算工作量不太大的设计，有时也可对拟订的几个方案进行计算对比与选择。方案选定后按机械零件的设计方法设计零件或按标准选用零件，最后绘出整机及部件的装配图和零件工作图，编写技术文件，从而完成整机设计。在传统的机械设计过程中设计者的大部分时间和精力都耗费在装配图和零部件工作图的绘制（绘图工作约占设计时间的70%）上，因而对整机全局的问题难于进行深入的研究，对于一些困难而费时的分析计算，常常只能采用作图法或类比定值等粗糙的方法，因此具有极大的局限性，从而使方案的确定在很大程度上取决于设计者的个人经验。在分析计算工作中，由于受人工计算条件的限制，只能采用静态的或近似方法而难以按动态的或精确的方法计算,计算结果不能完全反映零部件的真正工作状态,从而影响设计质量,使设计工作周期长,效率低。

现代设计的特点是以传统设计理论与方法为基础,广泛采用计算机技术,着力于实现智能化、数字化、网络化、绿色化及系统化的设计。计算机在设计中的应用已从计算机辅助分析计算和辅助绘图,发展到优化设计、并行设计、三维特征建模、设计过程管理、面向制造与面向装配的设计制造一体化,形成了计算机辅助设计(computer aided design——CAD)、计算机辅助工艺规程(computer aided process planning——CAPP)、计算机辅助制造(computer aided manufacturing——CAM)的集成化、网格化,并逐步向智能化设计、模拟仿真和虚拟设计、在国际互联网络条件下进行计算机辅助设计过渡。

8.2 设计软件

零部件的设计制造在现代企业中是应用设计制造专业设计软件完成的。零部件的专业设计软件很多,常用的有 Pro/E、UG、MasteCAM、SolidWorks、CATIA 等等。

8.2.1 Pro/E 软件简介

Pro/E 是美国 PTC(参数技术公司)开发的大型 CAD/CAM/CAE 集成软件。该软件主要有零件设计、工程图生成、装配设计、分析功能、加工处理、模具设计等功能。Pro/E 产品以软件包的开发环境支持并行工作,它通过一系列完全相关的模块,表述产品的外形、装配及其他功能,能够让多个部门同时致力于单一的产品模型,主要模块有草绘模块、零件设计模块、装配设计模块、工程图生成模块、曲面模块、制造模块、模具设计模块、钣金设计模块、电路布线系统、仿真模块等。它是当今最优秀的三维设计软件之一。

1. 模块功能

1) 草绘模块

草绘模块用于绘制和编辑二维平面草图。绝大部分三维模型都是通过对二维草绘截面的一系列操控得到的,所以,二维草图绘制在整个三维建模的过程中具有非常重要的作用,是使用零件模块进行三维建模的重要步骤。在使用零件模块进行三维实体特征造型过程中,在需要进行二维草图绘制时,系统会自动切换到草绘模块。另外,在零件模块中绘制二维平面草图时,也可以直接读取在草绘模块下绘制并存储的文件。

2) 零件设计模块

零件设计是 Pro/E 中参数化实体造型最基本和最核心的模块,利用拉伸、旋转、扫描、混合、边界、壳、肋、孔等特征造型功能便可设计出各种零件类型。

3) 装配设计模块

零件装配模块是一个参数化组装管理系统。在装配过程中,按照装配要求,用户不但可以临时修改零件的尺寸参数,还可以使用爆炸图的方式来显示所有已组装零件相互之间的位置关系。既可观察和检验零件间的相互关系及零件间是否有干涉,还可以把各个零件按照一定顺序和规则装配成一个完整的产品。

4）工程图生成模块

工程图是零件设计中的一个末端环节，它标志着一个零件设计的完成，也是生产加工的依据。Pro/E 软件可以通过工程图模块直接由三维实体模型生成二维工程图，设计人员只需对系统自动生成的视图进行简单的修改或标注就可以完成工程图的绘制，非常简单方便。系统提供的二维工程图包括一般视图（通常所说的三视图）、局部视图、剖视图、正投影视图等，用户可以根据零件的表达需要灵活选取需要的视图类型。由于 Pro/E 是尺寸驱动的CAD 系统，在整个设计过程的任何一处发生改动，就会反映在整个设计过程的相关环节上。如在实体模型或者工程图二者之一中有任何改变，改变的结果也完全反映在另一个中。这为实现产品设计的自动化创造了有利条件。

5）曲面模块

曲面模块用于创建各种类型的曲面特征。使用曲面模块创建曲面特征的基本方法和步骤与使用零件模块创建三维实体特征非常类似。曲面特征虽然不具有厚度、质量、密度和体积等物理属性，但是通过对曲面特征进行适当的操作就可以非常方便地使用曲面来围成实体特征的表面，还可以进一步把由曲面围成的模型转化为实体模型。曲面造型功能在创建形状特别复杂的零件时具有举足轻重的地位。

6）制造模块

制造模块将产生生产过程规划和刀具轨迹，并能根据用户需要对产生的生产规划做出时间上、价格上以及成本上的估计。

7）模具设计模块

模具设计模块主要对模具部件进行设计和组装。在此模块中，用户可方便地创建模具型腔的几何外形；产生模具模芯和腔体；产生精加工的塑料零件和完整的模具装配体文件；自动生成模架、冷却水道、顶出杆和分型面；在模具打开过程中检测元件是否干涉；分析设计零件是否可塑；对问题区域进行检测和修复等。

8）钣金设计模块

钣金设计模块为用户提供了专业工具来设计和制造钣金部件，和实体零件模型一样，钣金件模型的各种结构也是以特征的形式进行创建的。在此模块中用户可以创建钣金壁，添加其他实体特征，创建钣金冲孔和切口，进行钣金折弯和展开，并最终生成钣金件的工程图。

9）电路布线系统

该模块提供了一个全面的电缆布线功能，它为在 Pro/E 的部件内真正设计三维电缆和导线束提供了一个综合性的电缆铺设功能包。三维电缆的铺设可以在设计和组装机电装置时同时进行，它还允许工程设计者在机械与电缆空间进行优化设计。

10）仿真模块

NC（数控）仿真模块是通过对 NC 操作进行仿真，可以帮助制造人员优化制造过程、减少废品和避免再加工。在加工和操作开始以前，可使用仿真模块让用户检查干涉情况和验证零件切割的各种关系，以保证加工过程的顺利进行。

2. 使用特性

Pro/E 的使用特性主要表现为按自然的思考方式逐步完善产品零件的设计。Pro/E 第一个提出了参数化设计的概念，并且采用了单一数据库来解决特征的相关性问题。由于它采用模块化方式,用户可以根据自身的需要进行选择,而不必安装所有模块。Pro/E 的基于特征方式,能够将设计到生产全过程集成在一起,实现并行工程设计。它不但可以应用于工作站,而且也可以应用到单机上。

1) 参数化设计

参数化设计是指将参数化模型的尺寸用对应的关系表示,而不需用确定的数值,变化一个参数值,将自动改变所有与它相关的尺寸。也就是采用参数化模型,通过调整参数来修改和控制几何形状,自动实现产品的精确造型。参数化设计方法与传统方法相比最大的不同在于它存储了设计的整个过程,能设计出一族而不是单一的产品模型。参数化设计能够使工程设计人员不需考虑细节而能尽快草拟零件图,并可以通过变动某些约束参数而不必运行产品设计的全过程来更新设计。这些优点使它成为进行初始设计、产品模型的编辑修改、多种方案的设计和比较的有效手段,深受工程设计人员的欢迎。

2) 基于特征建模

Pro/E 是基于特征的实体模型化系统,工程设计人员采用具有智能特性的基于特征的功能去生成模型,如腔、壳、倒角及圆角,就可以随意勾画草图,轻易改变模型。这一功能特性给工程设计者带来了在以前设计过程中从未有过的简易性和灵活性。

3) 单一数据库(全相关)

Pro/E 建立在统一基层上的数据库上,不像一些传统的 CAD/CAM 系统建立在多个数据库上。所谓单一数据库,就是工程中的资料全部来自一个库,使得每一个独立用户在为一件产品造型而工作时,不用考虑他是哪一个部门的。换言之,在整个设计过程的任何一处发生改动,亦可以反映在整个设计过程的相关环节上。例如:一旦工程图有改变,NC(数控)工具路径也会自动更新;组装工程图如有任何变动,也会完全同样反映在整个三维模型上。这种独特的数据结构与工程设计的完整的结合,将一件产品的整个设计过程结合起来,使设计更优化、成品质量更高、成本更低。

8.2.2 UG 软件简介

UG 由 Siemens PLM Software 公司出品,为用户的产品设计及加工过程提供了数字化造型和验证手段。

UG 是 Unigraphics 的缩写,它是一个交互式 CAD/CAM(计算机辅助设计与计算机辅助制造)系统,它功能强大,可以轻松实现各种复杂实体及造型的建构,目前已经成为模具行业三维设计的主流应用软件。在曲面造型方面,UG 的曲面功能非常强大,不仅提供了丰富的曲面构造工具,而且可以通过一些另外的参数(这在 Pro/E 中相对少一些)来控制曲面的精度及形状。UG 在数控编程加工 CAM 方面生成的刀路可控性比较好,能针对很复杂的零件模型进行编程,被广泛用于机械、汽车、航空航天和电子等制造业领域。

UG 的主要技术特点是智能化的操作环境、建模的灵活性、集成的工程设计功能和开放的产品设计功能。

1) 智能化的操作环境

UG 具有良好的用户界面,绝大多数功能都可通过图标来实现,并且在进行对象操作时,具有自动推理功能。同时,在每个操作步骤中,在绘图区上方的信息栏和提示栏中将有操作信息提示,便于用户做出确的选择。

2）建模的灵活性

UG 是以基于特征的建模和编辑方法作为实体造型基础,能用参数驱动,形象直观,类似于工程师传统的设计方法。并且该软件具有统一的数据库,真正实现了 CAD/CAM/CAE 等各模块之间的无数据交换的自由切换,可实行并行工程。UG 采用复合建模技术,可将实体建模、曲面建模、线框建模、显示几何建模与参数化建模融为一体,可用多种方法生成复杂的曲面,特别适合于汽车外形设计、汽轮机叶片设计等复杂曲面造型。

3）集成的工程设计功能

UG 出图功能强,可十分方便地从三维实体模型直接生成二维工程图,并且按 ISO 标准和国标标注尺寸、几何公差和汉字说明等。此外还可直接对实体做旋转剖、阶梯剖和对轴测图挖切生成各种剖视图,增强了工程图绘制的实用性。

4）开放的产品设计功能

UG 提供了界面良好的二次开发工具,并能通过高级语言接口,使图形功能与高级语言的计算功能紧密结合起来。

UG 利用 CAD 模块、CAM 模块和 CAE 模块等不同的功能模块来实现不同的功能。CAD 模块产品设计包括实体建模、特征建模、自由形状建模、装配建模和制图等基本模块。使用 CAM 加工模块可根据建立起的三维模型生成数控代码,用于产品的加工,其后处理程序支持多种类型的数控机床。加工模块提供了众多的基本模块,如车削、固定轴铣削、可变轴铣削、切削仿真、线切割等。CAE 模块主要包括结构分析、运动和智能建模等应用模块,是一种能够进行质量自动评测的产品开发系统,它提供了简便易学的性能仿真工具,对任何设计人员都可以进行高级性能分析,从而获得更高质量的模型。

8.2.3　MasterCAM 软件简介

MasterCAM 是美国 CNC Software Inc. 公司开发的基于 PC 平台的 CAD/CAM 软件。它集二维绘图、三维实体造型、曲面设计、体素拼合、数控编程、刀具路径模拟及真实感模拟等功能于一身,具有方便直观的几何造型。MasterCAM 提供了设计零件外形所需的理想环境,其造型功能稳定,可设计出复杂的曲线、曲面零件。

MasterCAM9.0 以上版本还支持中文环境,而且价位适中,对广大的中小企业来说是理想的选择,是经济有效的全方位的软件系统,是工业界及学校广泛采用的 CAD/CAM 系统。MasterCAM 对系统运行环境要求较低,使用户无论是在造型设计、CNC 铣床、CNC 车床或 CNC 线切割等加工操作中,都能获得最佳效果。

MasterCAM 软件已被广泛地应用于通用机械、航空、船舶、军工等行业的设计与 NC 加工。

1. MasterCAM 主要功能和特色

MasterCAM 不但具有强大稳定的造型功能,而且具有强大的曲面粗加工及灵活的曲面精加工设计功能。其可靠刀具路径校验功能使 MasterCAM 可模拟零件加工的整个过程,模拟中不但能显示刀具和夹具,还能检查出刀具和夹具与被加工零件的干涉、碰撞情况,真实反映加工过程中的实际情况。

MasterCAM 提供了多种先进的粗加工功能,以及丰富的曲面精加工功能,可以从中选择最好的方法,用来加工最复杂的零件。MasterCAM 的多轴加工功能,为零件的加工提供了更多的灵活性。

MasterCAM 提供了四百种以上的后置处理文件,以适用于各种类型的数控系统,比如常用的 FANUC 系统。根据机床的实际结构,编制专门的后置处理文件、编译 NCI 文件经后置处理后便可生成加工程序。

MasterCAM 包括 CAD 和 CAM 两个部分。MasterCAM 的 CAD 部分可以构建 2D 平面图形、曲线、3D 曲面和 3D 实体。CAM 部分包括五大模块:Mill、Lathe、Art、Wire 和 Router。

MasterCAM X2 具有全新的 Windows 操作界面,在刀路和传输方面更趋完善和强大,其功能特点如下所述。

(1) 操作方面,MasterCAM X2 采用了目前流行的"窗口式操作"和"以对象为中心"的操作方式,使操作效率大幅度提高。

(2) 设计方面,单体模式可以选择"曲面边界"选项,可动态选取串连起始点,增加了工作坐标系统 WCS,而在实体管理器中,可以将曲面转化成开放的薄片或封闭实体等。

(3) 加工方面,在刀具路径重新计算中,除了更改刀具直径和刀角半径需要重新计算外,其他参数并不需要更改。在打开文件时可选择是否载入 NCI 资料,可以大大缩短读取大文件的时间。

(4) MasterCAM 系统设有刀具库及材料库,能根据被加工工件材料及刀具规格尺寸自动确定进给率、转速等加工参数。

(5) MasterCAM 是一套以图形驱动的软件,应用广泛,操作方便,而且它能同时提供适合目前国际上通用的各种数控系统的后置处理程序文件,以便将刀具路径文件(NCI)转换成相应的 CNC 控制器上所使用的数控加工程序(NC 代码)。

2. MasterCAM 的前景

MasterCAM 对硬件的要求不高,在一般配置的计算机上就可以运行,且操作灵活、界面友好、易学易用,适用于大多数用户,能迅速地给企业带来经济效益。另外,MasterCAM 相对其他同类软件而言具有非常高的性价比。随着我国加工制造业的崛起,MasterCAM 在中国的销量、在全球的 CAM 市场份额雄居榜首,因此对机械设计与加工人员来说,学习 MasterCAM 是十分必要的。

8.2.4 SolidWorks 软件简介

SolidWorks 软件是世界上第一个基于 Windows 开发的三维 CAD 系统。它软件功能强大、组件繁多,能够提供不同的设计方案、减少设计过程中的错误以及提高产品质量。SolidWorks 独有的拖拽功能使用户能在比较短的时间内完成大型装配设计。SolidWorks 资源管理器是同 Windows 资源管理器一样的 CAD 文件管理器,用它可以方便地管理 CAD 文件。由于使用了 Windows OLE 技术、直观式设计技术、先进的 parasolid 内核以及良好的与第三方软件的集成技术,熟悉微软 Windows 系统的用户,基本上都可以用 SolidWorks 来搞设计。

8.3 设计过程实习

在设计过程实习中,应注意了解产品设计使用的软件,软件在设计过程中的使用技巧和方法步骤。注意观察产品设计的整个流程、图样的管理方法、技术管理的各项制度及要求。

工程机械产品设计过程大致可分为两个阶段:方案设计及图样设计。在方案设计阶段,设计者根据用户对产品的功能要求,确定整机的主要性能参数、结构形式、主要机构的传动方案、结构件的所需几何尺寸,绘出总体方案图,提出方案设计说明书,方案审查完后,确定选择的方案。在详细设计阶段,须进行详细的分析计算,以确定各零部件的详细结构,从而绘出全部装配图及零件图,整理出设计计算说明书及材料需求清单、标准件清单、机电产品目录等技术文档。图 8-1 所示为工程机械产品设计的一般过程。

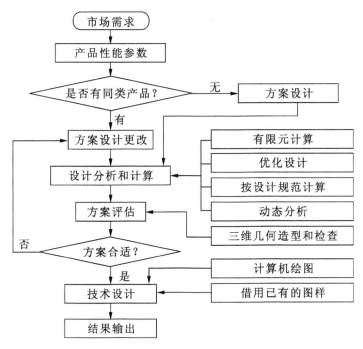

图 8-1 工程机械产品设计流程

8.3.1 刮板的实体设计举例

刮板是小型刮板式转载机中的重要零件之一,它的造型是否准确,可直接在转载机运动仿真中反映出是否会发生干涉等问题。下面介绍刮板的设计过程。

1. 创建刮板的基础部分

(1) 在"新建"窗口选择"零件",在名称栏内输入"guaban",如图 8-2 所示,不使用缺省模板,如图 8-3 所示,选择模板"mmns_part_soild"。

(2) 创建刮板截面,如图 8-4 所示。

图 8-2 "新建"窗口   图 8-3 "新建文件夹"窗口

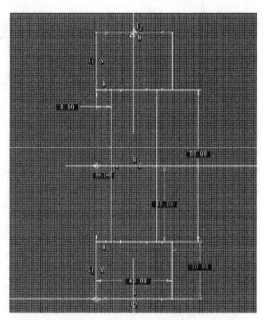

图 8-4 创建刮板截面图

（3）通过拉伸刮板截面创建刮板实体，如图 8-5、图 8-6 所示。

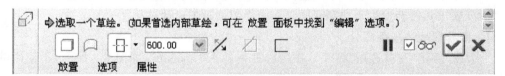

图 8-5 拉伸长度

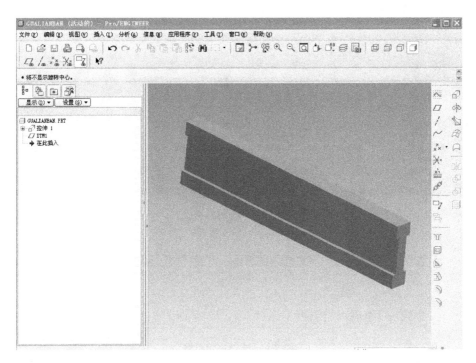

图 8-6 拉伸后的实体

（4）创建倒角，如图 8-7 所示。

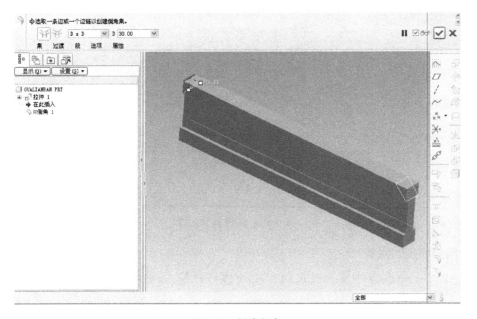

图 8-7 创建倒角

（5）利用约束功能绘制圆孔，最后完成刮板的绘制，如图 8-8、图 8-9、图 8-10 所示。

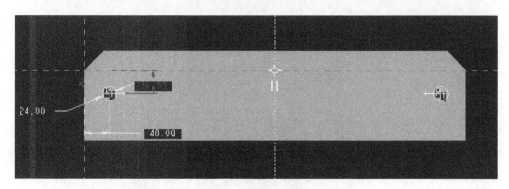

图 8-8　绘制圆孔

图 8-9　选择去除材料

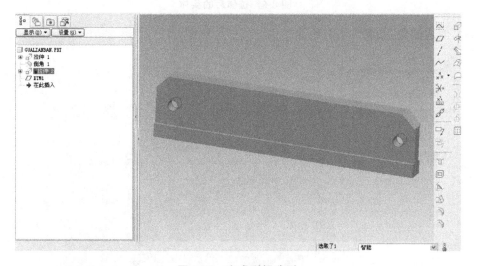

图 8-10　完成刮板造型

2. 刮板组件的组装

将创建好的给各零件实体通过组件模块进行装配：单击按钮或顺次单击"插入"（Insert）＞"元件"（Component）＞"装配"（Assemble）。从"文件打开"（File Open）对话框中选取所需的元件，或从文件浏览器中将元件拖到组件中，然后通过配对按钮和对齐按钮（Align）将两个平面定位在同一平面上（重合且面向同一方向），两条轴同轴或两点重合,从而实现多个零件的装配,如图 8-11、图 8-12、图 8-13 所示。其他各零件的组装同上,则刮板组件的装配图和爆炸图,分别如图 8-14、图 8-15 所示。

图 8-11　"新建"窗口

图 8-12　"新建文件选项"窗口

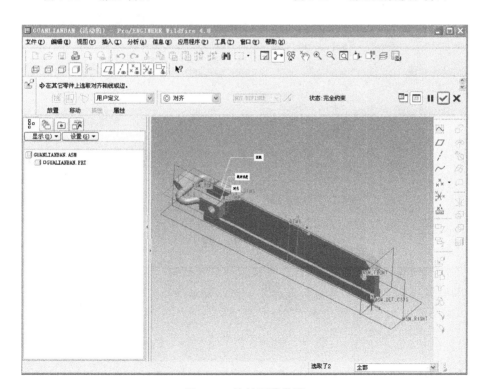

图 8-13　连接环的装配

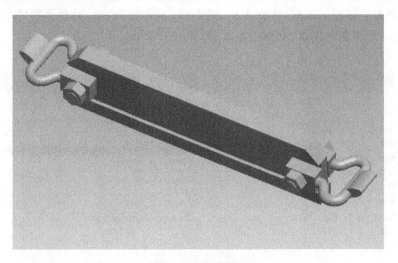

图 8-14 刮板组件

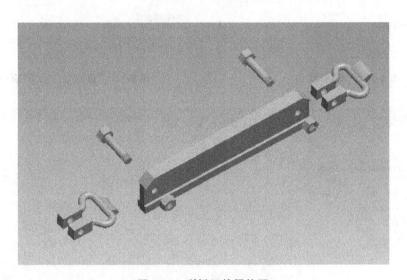

图 8-15 刮板组件爆炸图

思 考 题

1. 根据你所接触的生产现场,说明各技术部门的作用。

2. 具体结合生产单位实际需求写出某一产品或零件的设计步骤。

第9章 产品工艺文件管理实习

9.1 工艺文件的类型

9.1.1 工艺文件的定义及其作用

1. 工艺文件的定义

按照一定的条件选择产品最合理的工艺过程(即生产过程),将实现这个工艺过程的程序、内容、方法、工具、设备、材料以及每一个环节应该遵守的技术规程,用一定的形式表示的文件,称为工艺文件。

2. 工艺文件的作用

工艺文件的主要作用是指导生产操作、编制生产计划、调动劳动组织、安排物资供应,是进行技术检验、工装设计与制造、工具管理、经济核算等的依据。工艺文件要做到正确、完整、一致和清晰,能切实指导生产,保证生产稳定进行。

9.1.2 工艺文件的类型

生产中使用的工艺文件没有统一的格式,常用的有装配图、零件图、工序图、工艺过程卡、加工工序卡、数控加工工序卡、数控刀具调整单、数控加工程序单等。

1. 装配图

装配图是表达机器或部件的整体结构、工作原理,和零件之间的装配关系、连接方式以及主要零件的结构形状的图样。它主要用于机器或部件的装配、调试、安装、维修等场合,也是生产中的一种重要的技术文件。

2. 零件图

零件图是生产中用来指导制造和检验零件的主要图样,它不仅仅要把零件的内、外结构形状和大小表达清楚,还需要对零件的材料、加工、检验、测量提出必要的技术要求。零件图必须包含制造和检验零件的全部技术资料,即一组图形、完整的尺寸、技术要求和标题栏。

3. 工序图

工序图是由工艺人员编制、绘制完成的图,主要为每一特定的工序提供技术文件。工序图一般只标明相应工序所必需的信息,包括本工序完成后工件的形状、尺寸及其公差,工件的定位和装夹位置及要求等等。工序图一般按照加工位置来绘制,不需要按照严格的比例,只需绘出工件轮廓和加工面、定位面、夹紧面,其他零件结构可以省略。加工面一般用粗线或红线表示,定位夹紧等按规定的符号画出,如图9-1所示。

4. 工艺过程卡

工艺过程卡(见表9-1)是简要说明零件整个生产过程的一种卡片。工艺过程卡上记有

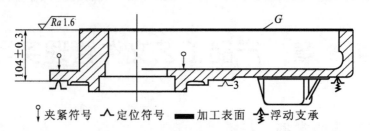

夹紧符号　定位符号　■加工表面　浮动支承

图 9-1　粗、精车 G 面的工序图

产品、零件名称,材料和毛坯种类,工序号、工序名称和工序内容,所用机床和工艺装备的名称,工时定额等。工艺过程卡是综合性的工艺文件,主要由计划调度人员在安排加工计划和调度时使用,也是统计工时、管理定额、核算成本的重要资料。在单件小批生产中,主要使用工艺过程卡。

表 9-1　加工过程卡

机械加工工艺过程卡片				产品型号			零(部)件图号				共一页
				产品名称			零(部)件名称				第一页
材料牌号		毛坯种类		毛坯外形尺寸			毛坯件数		每台件数		备注
工序号	工序名称	工 序 内 容			车间	工段	加工设备	工 艺 装 备			工时/min
								夹具名称及型号	刀具名称及型号	量具与检测	
					编制(日期)		审核(日期)		会签(日期)		
标记	处数	更改文件号	签字	日期							

5. 加工工序卡

机械加工工序卡(见表 9-2)是为每道工序编制的一种卡片。加工工序卡用于详细说明某一工序的全部工作内容,并附有工序简图和所使用的机床、夹具、刀具、量具以及切削用量、工时定额等信息。在成批生产中,大多使用工艺卡片。在大批量生产中,除使用工艺过程卡外,在每一个工序加工时,还使用该工序的工序卡片。

表 9-2 机械加工工序卡

机械加工工序卡片	产品型号		零件图号			
	产品名称		零件名称		共 页	第 页

工序简图	车间	工序号	工序名称	材料牌号	
	毛坯种类	毛坯外形尺寸	每毛坯可制件数	每台件数	
	设备名称	设备型号	设备编号	同时加工件数	
	刀具		夹具名称	切削液	
	工位器具编号		工位器具名称	工序工时（分）	
				准终	单件

工步号	工步内容	工艺装备	主轴转速/(r/min)	切削速度/(m/s)	进给量/(mm/min)	切削深度/mm	进给次数	工步工时	
								机动	辅助
			设 计（日 期）	校 对（日 期）	审 核（日 期）	标准化（日 期）	会 签（日 期）		

标记	处数	更改文件号	签字	日期	标记	处数	更改文件号	签字	日期		

6. 数控加工工序卡

数控加工工序卡与普通加工工序卡有许多相似之处，但不同的是该卡中应反映使用的辅具、刀具、切削参数、切削液等。它是操作人员配合数控程序进行数控加工的主要指导性工艺资料，主要包括工步顺序、工步内容、各工步所用刀具及切削用量等。工序卡应按已确定的工步顺序填写。加工中心上数控镗铣削工序卡片如表 9-3 所示。

表 9-3　数控加工工序卡

产品代号	数控加工工序卡片	零(部)件代号	零(部)件名称	工序名称	工序号
材料名称	材料牌号				
机床名称	机床型号		工序简图		
夹具名称	夹具编号				
备注					

工步	工步作业内容	加工面	刀具号	刀补量	主轴转速 N /(r/min)	进给速度 F /(mm/min)	背吃刀量	自检频次

编制		审核		批准		年　月　日	共几页	第几页

7. 数控刀具调整单

数控刀具调整单主要包括数控刀具卡片(简称刀具卡)和数控刀具明细表(简称刀具表)两部分。数控加工时,对刀具的要求十分严格,一般要在机外对刀仪上,事先调整好刀具直径和长度。刀具卡主要反映刀具编号、刀具结构、尾柄规格、组合件名称代号、刀片型号和材料等,它是组装刀具和调整刀具的依据。刀具卡的格式如表 9-4 所示。

数控刀具明细表是调刀人员调整刀具输入信息的主要依据。刀具明细表格式如表 9-5 所示。

8. 数控加工程序单

数控加工程序单是编程员根据工艺分析情况,经过数值计算,按照数控机床的程序格式和指令代码编制的。它是记录数控加工工艺过程、工艺参数、位移数据的清单以及手动数据输入、实现数控加工的主要依据,同时可帮助操作人员正确理解加工程序内容。不同的数控机床、不同的数控系统,数控加工程序单的格式也不同。表 9-6 是 FANUC 系统数控铣床加工程序单的格式。

表 9-4　数控刀具卡片

零件图号		数控刀具卡片				使用设备	
刀具名称							
刀具编号		换刀方式	自动		程序编号		
刀具组成	序号	编号		刀具名称	规格	数量	备注

刀具简图

备注	
编制	

表 9-5　数控刀具明细表

零件图号	零件名称	材料	数控刀具明细表		程序编号		车间	使用设备
刀号	刀位号	刀具名称	刀具图号	刀具		刀补地址		换刀方式	加工部位
				直径/mm	长度/mm	直径	长度	自动/手动	
				设定	补偿	设定	直径	长度	自动/手动	
编制		审核		批准		年 月 日		共　页	第　页

表 9-6 数控加工程序单

零件号			零件名称			编制			审核	
程序号						日期			日期	
N	G	X	Y	Z	I	J	K	R	F	M	S	T	H	P	Q	备注

(表格下方为空白行)

N	G	X	Y	Z	I	J	K	R	F	M	S	T	H	P	Q	备注

9.2　工艺文件的管理方法

9.2.1　图号的编制

图号在编制时常采用两种原则,即具有隶属关系和不具有隶属关系的编码原则。国内的图号编制大都具有隶属关系,而国外的产品图号大多不带有隶属关系。两种图号关系在设计、生产组织等各方面有较大区别。

1. 具有隶属关系和类别的编码

在同一字段下描述图号,图样编码共 16 位,技术文件编码共 8 位,具体意义见表 9-7、表 9-8。

表 9-7 有隶属关系的编码

意义	专业类别	产品类别	产品系列号			第一代编号	第二代编号	第三代编号	第四代编号	材料特征码	专业特征码
编码举例	6	2	0	1	2 3	0 1	0 2	0 2	0 5	0	D

表 9-8 技术编码

意义	专业类别	产品类别	产品系列号			文件特征代码
编码举例	6	2	0	1	2 3	J T

各位代码的含义如下所述。

(1) 专业类别:根据不同专业编制的编码。例如:1、2 为锻造机械,3 为轧钢机械,4 为建筑机械,5 为起重机械,6 为包装机械等等。当一位数据排完 0~9 以后可接着排字母 A~Z(I,O 除外)。最多可有 34 个专业类别。

(2) 产品类别:根据同专业不同产品划分的编码,如罐装机械类可编为 1,袋装机械可编为 2,箱装机械可编为 3,捆扎机械可编为 4,等等。种类编码排完 0~9 以后可接着排字母 A~Z(I,O 除外),最多可有 34 个产品类别。

(3) 产品系列号:产品系列号为 1,2,3,4…9999;当所有数据用完时采用字母与数字混合排号,如 000A、999Z、ZZZZ 等等。

(4) 第一代编号:01,02,03,04…99…0A,0B…9A,9Z,ZZ,最多可编 1156 个号。

第一代编号应对应于某一产品的构成的特征,具有响应的对应性,便于设计管理和生产管理。其他各个专业也应同时考虑尽量保持某一固定的编码,为设计、制造创造更加方便的条件。

(5) 第二代编号:01,02,03,04…99…0A,0B…9A,9Z,ZZ,最多可编 1156 个号。

(6) 第三代编号:01,02,03,04…99…0A,0B…9A,9Z,ZZ,最多可编 1156 个号。

(7) 第四代编号:01,02,03,04…99…0A,0B…9A,9Z,ZZ,最多可编 1156 个号。

(8) 材料特征码:根据部件或材料特征编制的编码,如:1——零件,2——部件,3——有色金属,4——塑料橡胶制品,等等。

(9) 专业特征码:

O——机械图;D——电气图;Y——液压图;G——工装图;N——刀具图,等等。

(10) 文件特征码描述文件特征,如:JT——技术条件,MX——明细表,SM——说明书,等等。具体文件特征码可根据企业实际情况确定。

(11) 由于考虑了隶属关系,图号总位数为 16 位。当产品的种类和数量较少并且不会有较大发展时可尽量减少总位数。

(12) 将左数前 6 位光盘代码作为光盘盘符,并标记在光盘上归档。

(13) 在实际使用中可根据产品的种类的多少及产品种类的发展情况,产品的构成决定其具体的代码位数。

2. 同一产品无隶属关系的编码

在同一字段下描述图号,编码位数 12 位,具体意义见表 9-9。

表 9-9　无隶属关系的编码

意义	专业类别	产品类别	产品系列号			图样编号				材料特征码	专业特征码
编码举例	6	2	0	1	2	3	0	1	0	2	0	D

各位代码的含义如下所述。

(1) 除图样编号部分以外,其他部分同有隶属关系的编码。

(2) 在编号部分可按一定的顺序关系编码,如果仅仅使用数字可编成 10000 个代码,对一般产品应当是足够的,并且减少了图号的总位数。所有编码无隶属关系,所有隶属关系体现在明细表中。此种编码的不便之处在于看到图号后不能看出所属关系,但编码位数的减少给图样管理带来了一定的方便。

（3）在设计过程中编号部分的号码可以不连续。对每一产品最多可设 9000 多个图样编号，因要考虑中间存在着一些不连续而未使用的号码。9000 多个图样编号对一般企业来说是足够的。

3. 分三个字段的编码

分三个字段的编码具体意义见表 9-10。

表 9-10　分三个字段的编码

意义	项目编号	工程编号				图样编号				
编码举例	TJP001	0	0	0	2	0	0	0	1	0

各编号的含义如下所述。

（1）项目编号（Job No.）　项目编号往往是某一项目的合同号或企业设定的项目编号。例如，某发电厂项目编号为 TJP001。字母与数字可有含义和顺序。具体位数可小于或等于 5 位或 6 位。

（2）工程编号（Order No.）　在一个项目里会有许多工程，工程编号是区别于同一项目里的工程而设置的不同代号。例如：某发电厂项目编号为 TJP001，则工程编号为 0002。

（3）图样编号（Drw No.）　采用无隶属关系代号，可从 00000～99999 编制，通常为某一产品编写代号时这些编号已足够使用。

本编码方式比较适合与某个总承包大项目的综合管理。

4. 分四个字段的编码

分四个字段的编码具体意义见表 9-11。

表 9-11　分四个字段的编码

意义	合同编号	项目编号				图样编号					旧图沿用编号				
编码举例	A366－2002	D	Z	1	0	A	0	0	1	2	0	A	0	0	0	0

合同编号是描述合同的具体编号；项目编号是在同一合同下的不同项目的编号；图样编号是具体的图号；旧图沿用编号是描述在某一图样的基础上修改或参照某一图样设计时原图的图样编号。

5. 企业统筹考虑的编码

企业统筹考虑的编码如表 9-12 所示。在左数第 1～8 位为添加合同号的位置；第 9～13 位为添加项目编号的位置；第 14～22 位为添加具体图样编号的位置，其中第 14 位为专业类别，第 15 位为产品类别，第 16～18 位为产品系列号，第 19～22 为顺序编码。在图样编号中

表 9-12　企业统筹考虑的编码

意义	合同编号								项目编号					图样编号								
位数	1	2	3	4	5	6	7	8	9	10	11	12	13	14	15	16	17	18	19	20	21	22
编码举例	A	R	3	3	6	6	9	9	D	Z	1	0	0	0	0	0	1	2	0	A	0	0

使用阿拉伯数字和英文字母共同编写。在此字段中企业内部所有图样全部遵循这一原则。在编制图样号时同样采用无隶属关系的编码原则。在此编码原则中按图样编号存放图纸档案,具体设计时合同号和项目号可后添加,并且在 CAD 图样管理时,图样中的合同号和项目号框内的号码可以在设计较规范的设计一种程序在短时间内进行大量图样修改,便于在该合同该项目中使用。

合同编号和项目编号可以允许极少的重码,但图样编号时不允许有重码存在。

9.2.2　复制图的折叠方法

复制图是由底图或原图复制成的图,它可通过晒图、铅印、照相和复印机复制、计算机扫描打印等方法产生。

9.2.2.1　基本要求

(1) 折叠后的图纸幅面一般应有 A4(210 mm×297 mm)或 A3(297 mm×420 mm)的规格。对于需装订成册又无装订边的复制图,折叠后的尺寸可以是 190 mm×297 mm 或 297 mm×400 mm。当粘贴上装订胶带后,仍应具有 A4 或 A3 的规格。

(2) 无论采用何种折叠方法,折叠后复制图上的标题栏均应露在外面。

(3) 根据需要,可从本标准中任选取一种规定的折叠方法。

9.2.2.2　折叠方法

1. 需装订成册的复制图

(1) 有装订边的复制图　首先沿标题栏的短边方向折叠,然后再沿标题栏的长边方向折叠,并在复制图的左上角折出三角形的藏边,最后折叠成 A4 或 A3 的规格,使标题栏露在外面。

(2) 无装订边的复制图　首先沿标题栏的短边方向折叠,然后再沿标题栏的长边方向折叠成 190 mm×297 mm 或 297 mm×400 mm 的规格,使标题栏露在外面,并粘贴上装订胶带。

2. 不装订成册的复制图

不装订成册的复制图的折叠方法有以下两种。

(1) 第一种折叠方法　首先沿标题栏的长边方向折叠,然后再沿标题栏的短边方向折叠成 A4 或 A3 的规格,使标题栏露在外面。

(2) 第二种折叠方法　首先沿标题栏的短边方向折叠,然后再沿标题栏的长边方向折叠成 A4 或 A3 的规格,使标题栏露在外面。

3. 加长幅面复制图的折叠方法

根据标题栏在图纸幅面上的方位,可参照前述方法折叠。

1) 需装订成册的加长幅面复制图

(1) 有装订边的加长幅面复制图　当标题栏位于复制图的长边时,可将长复制图的长边部分先折出 210 mm(对 A4 幅面)或 420 mm(对 A3 幅面),再将其余部分的尺寸折成等于或小于 185 mm(对 A4 幅面)或 395 mm(对 A3 幅面),使标题栏露在外面;当标题栏位于复制图的短边上时,可将加长复制图的长边部分的尺寸折叠成等于或小于 279 mm,

使标题栏露在外面。

(2) 无装订边的加长幅面复制图 当标题栏位于复制图的长边上时,可将加长复制图的长边部分的尺寸折叠成等于或小于 190 mm(对 A4 幅面)或 400 mm(对 A3 幅面),使标题栏露在外面;当标题栏位于复制图的短边上时,可将复制图的长边部分的尺寸折叠成等于或小于297 mm,使标题栏露在外面。

2) 不需装订成册的加长幅面复制图

当标题栏位于复制图的长边上时,可将长复制图的加长部分的尺寸折叠成等于或小于 210 mm(对 A4 幅面)或 420 mm(对 A3 幅面),使标题栏露在外面;当标题栏位于复制图的短边上时,可将加长复制图的长边部分的尺寸折叠成等于或小于 297 mm,使标题栏露在外面。

折叠后的图纸一般为 A4 或 A3 幅面的规格。图纸有需装订成册的,也有不需成册的,需装订成册的又分有装订边和无装订边的两种。

4. 将 A0、A1、A2、A3 幅面图纸折叠成 A4 幅面图纸方法

(1) 需装订时,将各幅面图纸折成 A4 幅面图纸的方法分别如图 9-2、图 9-3、图 9-4、图 9-5 所示。

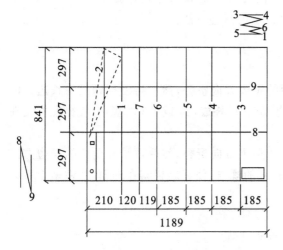

图 9-2　A0 幅面图纸折成 A4 幅面图纸

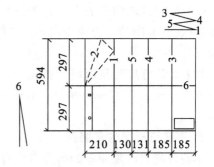

图 9-3　A1 幅面图纸折成 A4 幅面图纸

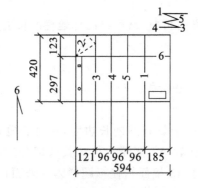

图 9-4　A2 幅面图纸折成 A4 幅面图纸

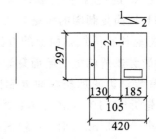

图 9-5　A3 幅面图纸折成 A4 幅面图纸

（2）各图不需装订,折成 A4 幅面图纸的方法分别如图 9-6、图 9-7、图 9-8、图 9-9 所示。

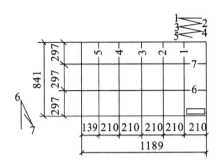

图 9-6 A0 幅面图纸折成 A4

幅面图纸(不装订)

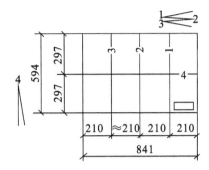

图 9-7 A1 幅面图纸折成 A4

幅面图纸(不装订)

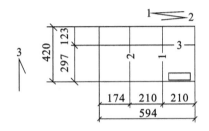

图 9-8 A2 幅面图纸折成 A4

幅面图纸(不装订)

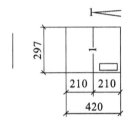

图 9-9 A3 幅面图纸折成 A4

幅面图纸(不装订)

5. 将 A0、A1、A2 幅面图纸折叠成 A3 幅面图纸方法(需装订)

将 A0、A1、A2 幅面图纸折成 A3 幅面图纸的方法与折成 A4 幅面图纸的方法类似,但 A3 幅面图纸一般横向装订,尺寸有所不同,分别如图 9-10、图 9-11、图 9-12 所示。

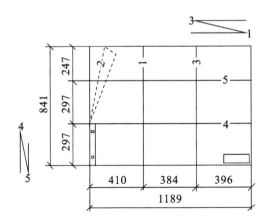

图 9-10 A0 幅面图纸折成 A3 幅面图纸

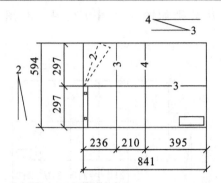

图 9-11　A1 幅面图纸折成 A3 幅面图纸

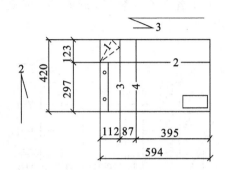

图 9-12　A2 幅面图纸折成 A3 幅面图纸

9.3　图样的管理方法

9.3.1　图样分类

（1）按表示的对象进行分类　图样按表示的对象可分为零件图、装配图、毛坯图、原理图、总图、外形图、施工图（包括建筑施工图、结构施工图、设备施工）、简图、接线图、表格图、包装图、管系图、方案图、设计图、流程图、电路图、草图等。

（2）按完成的方法和使用的特点分类　图样按完成的方法和使用特点可分为原图、底图、副底图和复印图。原图是经审核、认可后，可作为原稿的图。底图是根据原图制成的可供复制的图。副底图是底图的副本，它与底图必须保持完全一致，不准有与底图不一致的任何修改或补充事项。复印图是利用底图、副底图或缩微副底图，通过某种方法复制出的与底图完全一致的图样。

（3）按设计过程分类　产品图样按设计过程分为设计图样和工作图样。设计图样是指在初步设计和技术设计时绘制的图样。工作图样是用来实现生产过程的图样，包括从试制到正式生产各阶段所使用的图样。

9.3.2　编号方法

每一产品以及产品的每个零部件或设计文件都有一个代号，使设计、工艺及管理人员或计算机易于识别与处理，包括对产品、零部件的储存、调用等的计划与管理。代号是由数字和字母组成的一组或一个有序的符号，是用于鉴别对象（如产品、零部件、设计文件等）的类别与特征的标识。

编号是按一定的方法确定代号的数字、字母序列的过程。编号的基本要求如下。

（1）每个产品零部件的图样或设计文件都应有独立的代号。一个代号只代表一种零件或文件，一物一号，不允许重复。当一张图纸上绘制多个零、部件时应分别编号。

（2）通用件是在不同类型或同类型不同规格的产品中互换的零部件，一般应有专用代号，由企业的标准部门统一管理、登记、编号。

（3）不同行业、不同管理方式、不同生产类型的企业所采用的编号方法是不一样的。

　　隶属编号是按产品、部件、零件的隶属关系编号。隶属编号分全隶属和部分隶属两种形式。全隶属代号由产品代号和隶属号组成,中间用圆点或短横线隔开,必要时可加尾注号。产品代号由字母和数字组成。对零件应在其所属产品或部件的范围内编号,对部件应在其所属产品或上一级部件的范围内编号。部分隶属代号由产品代号和隶属号组成。隶属号由部件序号及零件、分部件序号组成。

9.3.3　更改办法

1. 更改原则

（1）图样、技术文件更改后,不降低产品或零部件质量,更改的目的是修正错误与解决问题,便于加工、装配,以更好地满足使用要求。

（2）更改后应符合有关标准的规定。

（3）更改不能破坏互换性。

（4）更改必须保证更改前有据可查。

（5）更改后的图样和文件质量应达到正确、完整、统一、清晰的标准。

（6）手续完备,更改无遗漏。

2. 更改权限

（1）自行设计和测绘设计的图样和技术文件,图样的设计部门、文件的编制部门有权更改。

（2）外购的图样和文件,购入单位的设计部门有权更改。

（3）统一设计或联合设计的产品,技术引进的产品,以及上级有明确规定的,图样与技术文件的更改要按上级规定办理。

（4）合作生产的产品和由用户提供的图样与技术文件,在合同或协议中有规定的,按规定办理;如未规定,则制造企业的设计、工艺部门有权更改。

3. 更改方法

（1）划改。用细实线划掉需要更改的内容,然后填注新内容,并在更改部位附近写上更改标记。

（2）刮改或洗改。将原图样或文件的复印件存档备查,然后按更改通知将底图上需要更改的内容等刮去或洗去,填注新的内容,并在更改部位附近写上更改标记。

（3）更改标记一般按每张图样或文件编排,但对多张表示同一代号的图样或文件,更改标记应按全份图样或文件编排,并填写在需要更改的各张图样或文件上。

（4）若图样、文件已污损,不能再用时,需按更改通知单要求重描底图,图样代号不变。旧底图打上“作废”标记,新底图更改栏上写上“重描”字样。

9.4　图样及文件的保管

1. 总则

（1）产品图样和文件必须由专职的机构或人员管理,并制订完整的标准或制度。

（2）产品图样和设计文件的底图、底稿、副底图、缩微品和生产用复印图、复印稿,均应集中管理。

（3）经验收入库的底图与底稿，如有损坏、遗失，应办理复制、补制或注销手续。

（4）凡属密级的产品图样和设计文件，应按国家有关规定及企业保密标准或制度进行管理。

2．底图、底稿的入库和管理

底图、底稿入库时应符合下列要求：

（1）清晰，无破损，无水迹、污迹和皱褶，无折叠痕迹；

（2）标题栏填写完整，签署齐全；

（3）图样按产品、部件明细表或目录成套入库；

（4）设计文件可按规定分段入库。

底图、底稿入库（归档）时，应先填写入库单，办理签收手续；再办理入库登记、建立台账（或卡片），以确保账（卡）物一致。

底图存放不能折叠，应平放或立放，大幅面也可卷放。底图、底稿一般不得出借，当应设计更改或重新复制等原因必须出借时，应办理借用手续。

为了延长底图、底稿的寿命，库房内必须保持清洁、通风、应有防盗、防火、防晒、防蛀、防鼠、防尘、防潮等设施并符合有关规定。

3．废图和废稿的处理

对废底图、废底稿和有关的设计文件应列出清单，申请报废。经企业技术负责人批准后，方可在账册上注销。已批准注销的底图、底稿，为备查用，应妥善保存或制成缩微品存档后再行销毁。所有废复印图、复制稿必须在标题栏处盖"作废"章后方可作它用或销毁。

思　考　题

1．常见的机械加工工艺文件有哪几种？各适应于什么场合？

2．图样折叠有几种方法？

3．复制图如何分发、管理和使用？

4．图样有几种分类方法？每一分类中分别有几种？

5．图样编号的基本要求是什么？

6．产品图样及设计文件管理总则是什么？

第10章 检测实习

10.1 零部件常用检测技术

在生产现场常见到的检测技术按使用功能可分为：长度检测技术，高度、深度和厚度检测技术，角度检测技术，内、外径检测技术，以及其他常用检测技术。

10.1.1 长度检测技术

在生产现场常用的长度检测仪具如图 10-1～图 10-7 所示。

图 10-1 短长度检测尺   图 10-2 齿形尺

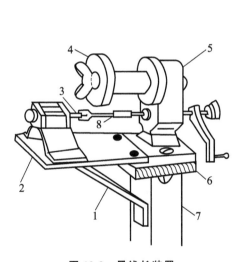

图 10-3 量线长装置
1、2—钢板；3—轴；4—线轴；5—手摇砂轮机；
6—板；7—支座；8—橡皮管

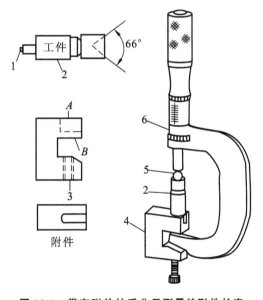

图 10-4 带有附件的千分尺测量特形件长度
1—断茬；2—工件；3—螺纹孔；
4—附件；5—钢珠；6—千分尺

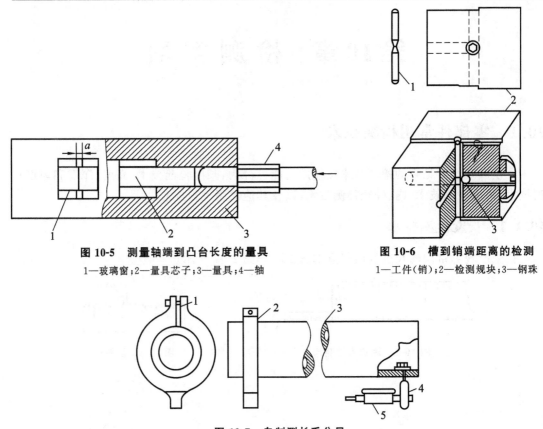

图 10-5 测量轴端到凸台长度的量具
1—玻璃窗；2—量具芯子；3—量具；4—轴

图 10-6 槽到销端距离的检测
1—工件(销)；2—检测规块；3—钢珠

图 10-7 自制测长千分尺
1—螺栓；2—开口环；3—铝管；4—接头；5—千分表

图 10-1 所示是短长度检测尺。将普通钢板尺一端裁去一部分，只剩下宽 3 mm 的窄条，可用来对孔、槽、小平面等进行测量。

图 10-2 所示是容易判读的齿形尺。一般直尺在光线不足等环境下判读有困难，可按一定刻度用方锉 A 在尺上开出一系列缺口，留出 0.4 mm 左右的平台，将相应刻度处锉出较深的缺口，以便于判读。

图 10-3 所示是量线长装置。这是快速测量长百米左右电线的装置。装置是由便宜的手摇砂轮机 5 改装的，固定在由板 6 和支座 7 上。钢板 1 支承一个厚3.5 mm 的钢板 2，板上固定一个转数计，转数计的轴 3 用橡皮管 8 与手摇轴连接，每转一下，可使线轴 4 转 10 多圈。由于电线粗细不同，可根据转数与电线直径由特制的数据表查出实际长度。

图 10-4 所示是用有附件的千分尺测量特形件长度的方法。工件 2 的小轴端有断茬 1，为了测量工件体长度，做了个附件，将其两个面 A 和 B 磨削平整，用螺栓通过螺纹孔 3 固定到千分尺的固定砧上，在工件锥孔上加钢珠 5，将工件断茬插入附件 4 槽内，用千分尺 6 测量工件长。

图 10-5 所示是测量轴端到凸台长度的量具。轴 4 的端头到滚纵纹凸台的长度，可用量具 3 进行检测。量具的芯子 2 受弹簧(图未示出)压力，其右部细端与量具 3 右端平齐。插入轴 4 后，其左端粗端头的位置可在玻璃窗 1 显示出来，端尖位置位于许用公差范围 a 内即是合格的，否则是不合格的。

图 10-6 所示是槽到销端距离的检测方法。销 1 中间有个 V 形环槽,槽到两端距离有一定公差。做一个检测规块 2,钻一个与销 1 间隙配合的孔。销 1 插入孔内,由侧面拧紧螺钉将一个钢珠 3 顶在 V 形槽上定位,规块两面呈台阶状,可用千分表检验销端头凸出距离,也可以用台阶高度表示公差范围,检验销端头是否位于公差范围以内。

图 10-7 所示是自制测长千分尺。当需要测 2 m 长的大件时,可在长度适宜、厚 5 mm 左右的铝管 3 上套个开口环 2,调好位置后,用内六角螺栓 1 紧固。在另一端固定一个接头 4,安装一个千分表 5,用长杆内径千分尺校准距离,测量工件长度或大件直径等。将千分尺 5 反装,还可以用来测量内径。

10.1.2　高度检测技术

在生产现场常用到的高度检测仪具如图 10-8～图 10-11 所示。

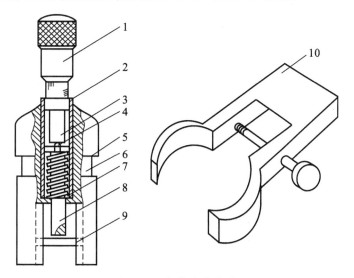

图 10-8　便携式高度计
1—千分尺;2—衬套;3—千分表轴;4—钢球;5—外壳;
6—环槽;7—弹簧;8—测轴;9—测量面;10—夹子

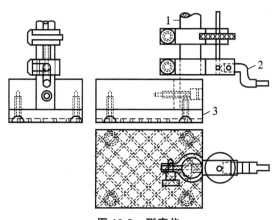

图 10-9　测高仪
1—立柱;2—曲臂;3—底板

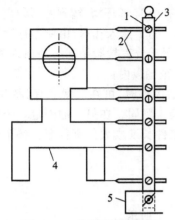

图 10-10　铸件高度划线规

1—螺钉；2—划针；3—竖杆；4—工件；5—基座

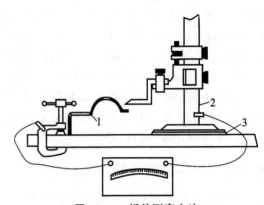

图 10-11　板件测高方法

1—板件；2—测高规；3—垫纸

图 10-8 所示是便携式高度计。千分尺 1 插入衬套 2 上端，由螺钉（图中未示出）固定，测轴 8 在弹簧 7 的作用下总是与钢球 4 接触。钢球的作用是使千分表轴 3 转动时，不会带动测轴 8 一起转动。测轴 8 下端有与被测工件凸起部分接触的测量面 9，量具中部有个环槽 6，是用夹子 10 将量具夹住后，装在任意支承上用的。

图 10-9 所示是测高仪。一般的测高仪测量高度超过 150 mm 时就会晃动，从而影响测量精度。此种测高仪不用弹簧，具有立柱 1 和曲臂 2，底板 3 下面有浅花纹，避免台面上的尘土和油垢等影响测量精度，测量精度可达 0.002 5～0.005 0 mm。

图 10-10 所示是铸件高度划线规。一般砂型铸件常在加工一个面后，以该面为基准，画其余部分的加工线条。该划线规的基座 5 上固定了一个 $\phi12$ mm 的竖杆 3，图中工件 4 底面已加工，以其为基准面，用螺钉 1 固定其余各加工面划线用的划针 2，一次将所有线都划出来。

图 10-11 所示为板件测高方法。测量板件的高度或深度时，由于板件易受压变形，不便用一般量具。可按图 10-11 所示方式，在测高规 2 下面垫纸 3 以与底板绝缘，测头刚与板件 1 接触，微电表就可以反映出来。

10.1.3　深度与厚度的检测技术

在生产现场常用到的深度与厚度检测仪具如图 10-12～图 10-18 所示。

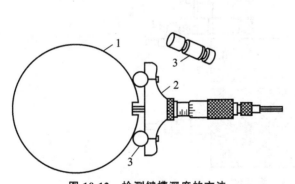

图 10-12　检测键槽深度的方法

1—工件；2—深度千分尺；3—销

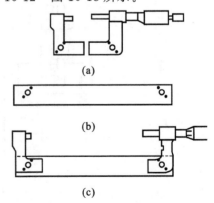

(a)

(b)

(c)

图 10-13　测量大件盲孔深度用的加长千分尺

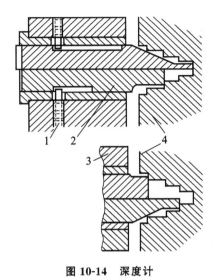

图 10-14 深度计

1—销;2—分瓣;3—基座;4—工件

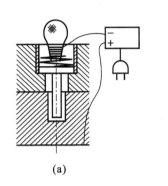

(a)　　　　　　(b)

图 10-15 检测盲孔深度方法

(a) 检测上极限偏差;(b) 检测下极限偏差

1—灯泡;2—绝缘套;3—T 形头探针;

4—铝板;5—板件;6—板簧

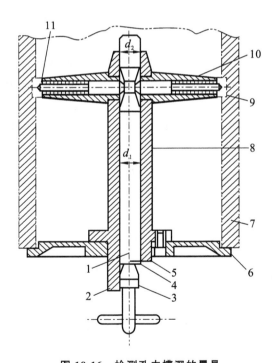

图 10-16 检测孔内槽深的量具

1—台阶轴;2、5—管边;3、4—台阶边;6—盖板;

7—工件;8—管;9—内槽;10—支臂;11—销

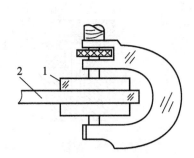

图 10-17　千分尺测量软料厚度的方法

1—钢板；2—软料

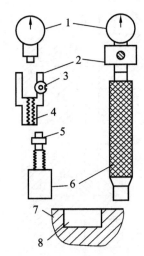

图 10-18　深度千分尺与千分表结合使用的方法

1—千分表；2—接头；3—螺钉；4—内螺纹；

5—千分尺滑杆；6—深度千分尺；7—工件；8—长槽

图 10-12 所示是检测键槽深度的方法。测量加工中的轴上键槽的深度不便使用卡尺，特别是槽边有毛刺时不易测量，此时可采用图示方法。在深度千分尺 2 上磨两个圆弧槽，用弹簧将两个各磨出两个环槽的销 3 固定在千分尺上。先对轴 1 上无槽的部分用千分尺测得一个读数，再在槽上测得一个读数，两个读数之差即是键槽深度。

图 10-13 所示是测量大件盲孔深度用的加长千分尺。如果千分尺开口长度不够，可将千分尺在中间切断（见图 10-13(a)），将一段 6 mm×18 mm 的钢板条两端和两半千分尺在坐标镗床上以一定距离钻销孔和螺钉孔（见图 10-13(b)），装配成足够长的加长千分尺（见图 10-13(c)）。用长度不同的钢板条可装配成长度不同的加长千分尺。

图 10-14 所示是深度计。将 4～6 个测头宽度不同的分瓣 2 组成圆芯棒插入基座 3 的圆孔内，由各个销 1 限位，使分瓣 2 伸出不同的长度，可用来检测工件 4 台阶孔台阶深度是否合格。

图 10-15 所示是检测盲孔深度方法。板件 5 上有一系列盲孔，各个孔的深度有一定的公差范围。检测方法是在铝板 4 上装一系列灯泡 1，灯泡下有板簧 6，再下有 T 形头探针 3。用绝缘套 2 隔绝铝板 4，将板 4 盖到板件 5 上后，将各个探针 3 分别插入相应的孔内。图 10-15(a)所示是检测上极限偏差的情况，当某个接上直流电源的灯泡不亮时，说明该孔太深。图 10-15(b)所示是检测下极限偏差的情况。如果某个灯泡发亮，说明孔太浅，不合要求。

图 10-16 所示是检测孔内槽深的量具。检测工件 7 内槽 9 的深度时，用盖板 6 堵在工件端头，管 8 用螺栓固定在盖板 6 上，管内有个台阶轴 1，其端头部分的直径 d_2 对应于槽深的下限，直径 d_1 对应于槽深的上限。支臂 10 内的两个销 11 在弹簧压力下，总处于收缩状态。当台阶边 3 可以推过管边 5 时，说明槽超深；如果台阶边 4 可以拉过管边 2，说明槽太浅。反之，则槽深是合格的。

图 10-17 所示是用千分尺测量软料厚度的方法。用千分尺测量软料(如塑料或橡皮)2的厚度时,为了不使软料受压变形,应当用两块钢板 1 将软料夹住,用测出的厚度减去两块板的厚度,即是软料厚度。钢板 1 尺寸为 12 mm×24 mm,厚度不小于 2.5 mm,以免钢板本身受压变形。

图 10-18 所示是深度千分尺与千分表结合使用的方法。将千分表 1 用螺钉 3 紧固到接头 2 上,将深度千分尺 6 的外螺纹拧到接头 2 的内螺纹 4 内。将长度适宜的千分尺滑杆 5 与千分表触脚接触,可以用来测量深度;将千分尺 6 沿工件 7 的长槽 8 移动或使槽在千分尺下移动,还可以由千分表测出槽深变化。

10.1.4　角度检测技术

在生产现场常用到的角度检测仪具如图 10-19～图 10-29 所示。

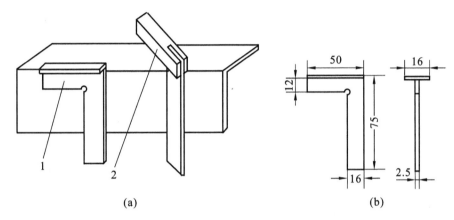

(a)　　　　　　　　　　　(b)

图 10-19　自制角尺应用及尺寸

1—厚钢板角尺;2—常用角尺

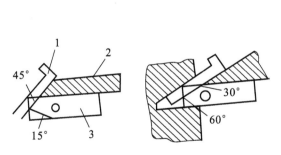

图 10-20　小型量角器

1、3—零件;2—工件

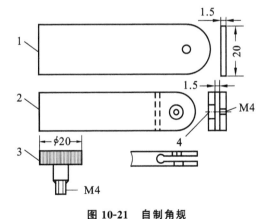

图 10-21　自制角规

1—薄板条;2—厚板条;3—滚花头螺钉;4—孔

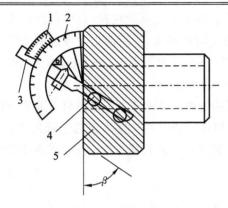

图 10-22　斜齿轮螺旋角的简易测量方法

1—游标尺；2—定曲尺；3—活动尺；4—钢球；5—齿槽

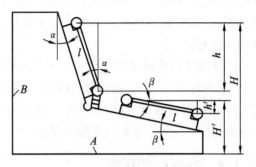

图 10-23　正弦规的巧用方法

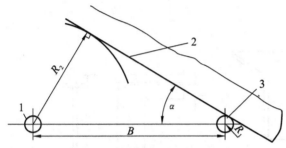

图 10-24　采用销的正弦棒

1、3—销；2—工件的下边

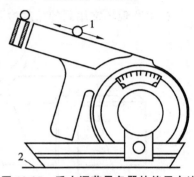

图 10-25　重力调节量角器的使用方法

1—钢球；2—斜面

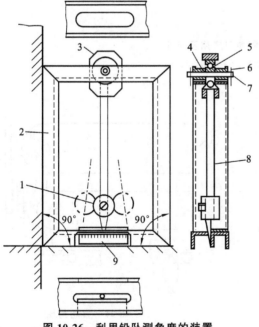

图 10-26　利用铅坠测角度的装置

1—重块；2—铝型材；3—接头；4—间隔管；5—轴承；

6—销；7—轴；8—钢指针；9—刻度尺

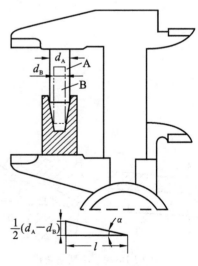

图 10-27　锥度测量方法

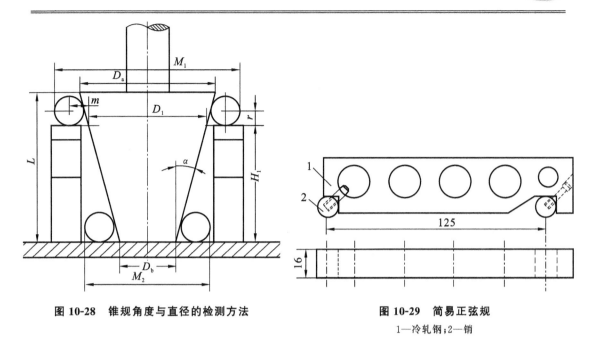

图 10-28 锥规角度与直径的检测方法　　　　　　　**图 10-29 简易正弦规**

1—冷轧钢；2—销

图 10-19 所示是自制角尺。由整块厚钢板制成的角尺 1 可平靠在工件上，用起来比常用角尺 2 方便很多。图 10-19(b) 所示是角尺 1 的参考尺寸，也可以根据需要，加工出其他任何尺寸的角尺。

图 10-20 所示是小型量角器，它由两个零件组成，零件 1 插入零件 3 有一定角度的斜槽里，用螺钉紧固。图示是检测工件 2 斜边和开槽角度的方法。

图 10-21 所示是自制角规。一般角规都大而厚，使用不方便时，可按图示方式自制一个。将薄板条 1 嵌在厚板条 2 的槽内，用滚花头螺钉 3 插进孔 4 和另一边的螺纹孔内，将两个板条组成一定角度后拧紧螺钉。板条从外端到铰接点的距离为 100 mm，则外端张开 1.745 mm 宽时，夹角为 1°。

图 10-22 所示是斜齿轮螺旋角的简易测量方法。将两个钢球 4 或一根圆棒放入齿槽 5 中，将量角的活动尺 3 置于钢球与齿面上，定曲尺 2 紧靠在齿轮端面上，即可以读出螺旋角 β。此法适用于在机床维修中选配斜齿轮。

图 10-23 所示是正弦规的巧用方法。用正弦规测量带有角度的笨重工件时，将正弦规按图示方式放在工件上，由三角关系得：$\alpha = \arccos(h/l)$，$\beta = \arccos(h'/l)$。测量时，最好采用一基准 A(或 B)，如图 10-23 所示。

图 10-24 所示是采用销的正弦棒。在机床上固定两个半径为 R_1，中心距为 B 的销 1 和 3。为了使工件的下边 2 摆成角度 α，需要确定套在销子上衬套上的衬套半径 R_2。如果 R_2 为已知数，则需要确定中心距 B。由图可知

$$\sin\alpha = (R_2 - R_1)/B, \qquad B = (R_2 - R_1)/\sin\alpha$$

图 10-25 所示是重力调节量角器的使用方法。当用量角器测量斜面 2 的斜度时，如果没有适用的水准仪，可在上面放一个直径约 10 mm 的钢球 1，钢球一滚动，即可得所需的读数。

图 10-26 所示是利用铅坠测角度的装置。用铝型材 2 钎焊一个矩形框，钎焊成要求垂直度高的矩形柜。在框上用销 7 和轴 8 与两个间隔管 5，安装一个有轴承 6 的接头 4，吊一

钢指针 9,在指针下端固定一个重块 1。在框下开槽处有个标度范围为 15°左右的刻度尺 10。将框靠在或骑在工件上,即可读出斜度和锥度。

图 10-27 所示是锥度测量方法。为了测量锥孔,加工两个长度相同、直径不同的圆柱,如图中的粗圆柱 A 和细圆柱 B。将两个圆柱分别插入锥孔内,得到宽度差 l,则锥角 2α 可以由公式 $\tan\alpha=(d_A-d_B)/2l$ 求得。注意圆柱端头不能有毛刺和倒角。

图 10-28 所示是锥规角度与直径的检测方法。将锥规放在平台上,在两侧放两个直径为 $d=2r$ 的辊,用千分表量得数值 M_2。再在两侧摆高度为 H_1 的规块,将两个辊摆在上面,用千分尺量得另一个数值 M_1。设半锥角为 α,则单位长度的锥度 T 为

$$T = 2\tan\alpha = (M_1 - M_2)/H_1$$
$$D_1 = M_1 - G[1 + \cot(90° - \alpha)/2],\quad D_b = M_2 - G[1 + \cot(90° - \alpha)/2]$$
$$D_a = T(L - H_1) + D_1$$

图 10-29 所示是简易正弦规。用工具钢加工后淬火,或用冷轧钢 1 表面渗碳,将需钻孔部分的表面层磨掉后钻孔并攻螺纹,用螺栓紧固两个 $\phi12\ \text{mm}$ 的销 2,即可以将其作为正弦规使用。

10.1.5 内、外径检测技术

在生产现场常用到的内、外径检测仪具如图 10-30～图 10-43 所示。

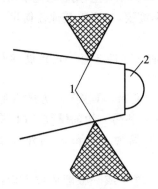

图 10-30　用圆珠笔圆珠做量具

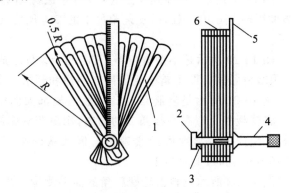

图 10-31　可调半径规
1—长槽;2—细管;3—弹簧垫圈;4—手柄;5—钢尺;6—钢板条

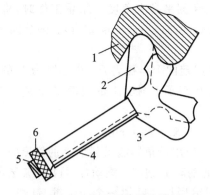

图 10-32　检测圆角用的样板
1—工件;2、3—样板;4—手柄;5—螺杆;6—滚花螺母

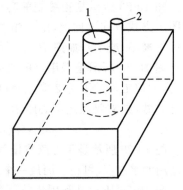

图 10-33　用两个销检测孔径的方法

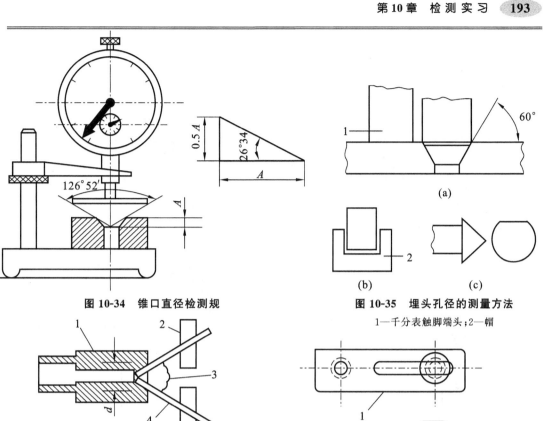

图 10-34　锥口直径检测规

图 10-35　埋头孔径的测量方法

1—千分表触脚端头；2—帽

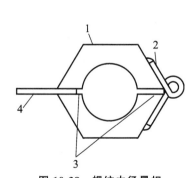

图 10-36　放大锥口的测量方法

1—工件；2—规块；3—胶泥；4—销

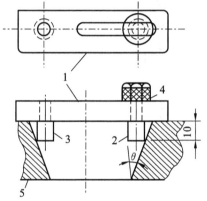

图 10-37　锥口直径规

1—矩形板；2—活动销；3—固定销；4—螺母；5—工件

图 10-38　螺纹内径量规

1—螺母；2—铰链；3—缝；4—千分垫

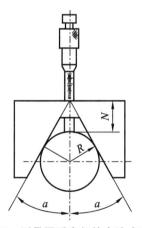

图 10-39　测量圆弧半径的直读式千分尺

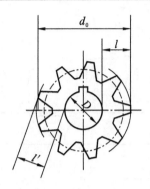

图 10-40   奇数齿齿轮齿顶圆直径的测量方法

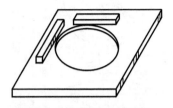

图 10-41   大直径检验量具

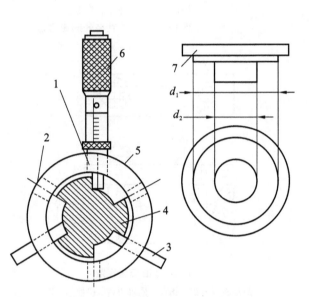

图 10-42   三棱轴径的检测量具
1—触脚;2—孔;3—销;4—轴件;
5—环;6—千分尺;7—塞子

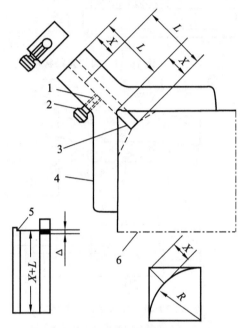

图 10-43   测量直角圆角半径的量具
1—黄铜块;2—螺钉;3—销;
4、5—量具;6—工件

　　图 10-30 所示是用做量具的圆珠笔圆珠。一般常用圆珠检验圆槽和圆角半径,对于很小的半径,可以利用常见的直径为 1 mm 的圆珠笔圆珠进行检验。图示是用尖嘴钳在圆珠 2 后面适当位置 1 施压,将其挤出到检验部位。为了不致出错,可事先涂以墨水。

　　图 10-31 所示是可调半径规,用来检测 12～40 mm 范围内的半径尺寸。它由九片(片数可调)宽 12 mm、厚 0.8 mm、长 82 mm 的钢板条 6 和一个钢尺 5 组成。板条上有长槽 1,用有内螺纹的细管 2、两个弹簧垫圈 3 和一个利用螺纹拧入细管 2 内的手柄 4,将细管固定在钢尺的槽内,定出半径值后,将钢尺转开,将板条张开成 1/4～1/2 圆弧,对工件圆角进行检测。

　　图 10-32 所示是检测圆角用的样板,对工件 1 凹进和凸出的圆角半径,可以用两个样板

2 和 3 进行检测。两个样板调好位置后,拧紧手柄 4 内螺杆 5 上的滚花螺母 6,将样板紧固,还可以用放大投影仪将调好位置的样板图像放大,量出内、外两个圆角的圆心距离。

图 10-33 所示是用两个销检测孔径的方法,特别是对大孔,可用两个直径相加等于孔径的大、小两个销进行检测。先插入大销 1,后插入小销 2。

图 10-34 所示是锥口直径检测规,做一个角度为 $126°52'$ 的锥规,固定到千分表腿上,测量时,先将锥规放在工件平面上,将千分表调零,然后将其放入锥孔内,读数 A 的四倍 ($4A$) 即是锥口直径。因直角三角形的一个角为 $26°34'$,对边长度为 A 时,邻边长度是 $2A$。

图 10-35 所示是埋头孔径的测量方法。加工千分表触脚端头 1,使其直径等于锥孔最大口径。先将其放在工件平面上调零后,再放入锥口内,一般为 $60°$ 的锥口,表上每 0.1 mm 的读数,对应口径超差量 0.016 6 mm,如千分表触脚端头根本放不进锥孔,说明锥孔口径太小。触脚 1 端面上应平整,棱边尖锐。也可以为每种锥口做直径相当的帽 3,固定到千分表触脚上(见图 10-35(b))。也可将测试头一边或两边削去少许,如果在锥口上可以看见削去部分,说明口径位于公差范围内,是合格的,如图 10-35(c)所示。

图 10-36 所示是放大锥口的测量方法。在两个规块 2 上各摆一根与锥口贴合的销 4,用胶泥 3 保持位置,用投影仪放大,对工件 1 的锥口直径 d 和锥角进行测量。规块 2 的高度 (5 mm) 加上销 4 的半径 (1 mm),等于工件 1 最大超直径处的半径 (6 mm)。

图 10-37 所示是锥口直径规。量规由一个矩形板 1、一个固定销 3 和一个活动销 2 组成,两个销直径相同,在板 1 下面的凸出高度也相同,例如同为 10 mm。锥口角度 θ 是已知数。使固定销 3 接触锥口一边,活动销 2 在板 1 的槽内滑动至与锥口另一边接触,用螺母 4 固定。量出两个销的外侧距离,再加上 $20\tan\theta$,即得锥口的直径。

图 10-38 所示是螺纹内径量规。大直径螺纹在车削中,为了随时对内径进行测量,可在一个配合的螺母 1 一侧焊上铰链 2,再锯出缝 3,使其成为两半,可由工人随时将其套在螺杆上,用千分垫 4 量出加工余量。

图 10-39 所示是测量圆弧半径的直读式千分尺。由图可知 $N = R/\sin\alpha - R$,为了满足 $N=R$ 的条件,可令 $\alpha=30°$。

图 10-40 所示是奇数齿齿轮齿顶圆直径的测量方法。图示为有孔齿轮(无孔齿轮的测量方法也一样),先测得孔内壁到一个齿顶的距离 l,然后在此齿对面的齿槽两边任选一齿测得 l',测出孔径 D',则齿顶圆直径为 $d_0 = l + l' + D'$。

图 10-41 所示是大直径检验量具。如果没有适用的大直径卡尺可用来检验手工磨削的大直径工件,可在一块钢板上镗出一个与之相当的大孔,将钢板的一面铣去一层,只留两个与孔相切的凸起埂,可以很方便地用于检验工件直径。若用于大量生产可将其淬火以提高寿命。此方法比用卡尺更为方便,且不怕碰撞。

图 10-42 所示是三棱轴径的检测量具,有三个棱的轴件 4 对芯径精度有较高的要求。做一个有台阶的塞子 7,直径为 d_1 的部分与圆环的孔径配合,直径 d_2 与轴件 4 的芯径相等。将塞子 7 插入环 5 孔内,在环侧面孔内插入支承用销 3 与直径为 d_2 的部分接触。去掉塞子 7,将千分尺 6 的触脚 1 依次插入两个孔 2 内,测出芯径是否合乎要求。

图 10-43 所示是测量直角圆角半径的量具。量具 4 的 90°两壁间的孔内有一个长度为 L 的标准销 3。当工件半径 $R=0$ 时,销 3 与量具外端平齐,用千分表测出 X 值后,则工件 6 的圆角半径为 $R=2.4143X$。在量具外端开一个深度为半径许用公差 Δ 的槽,还可以用来检查圆角半径是否位于合格范围之内。销可用螺钉 2 和黄铜块 1 紧固。

10.1.6 其他常用检测技术

在生产现场还可看到其他一些常用检测仪具,如图 10-44～图 10-48 所示。

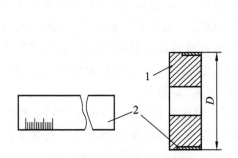

图 10-44 刻制薄标尺的方法

1—圆柱;2—薄钢板条

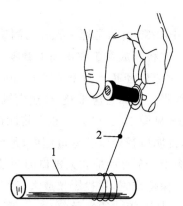

图 10-45 测量轴转速的方法

1—线绳;2—结

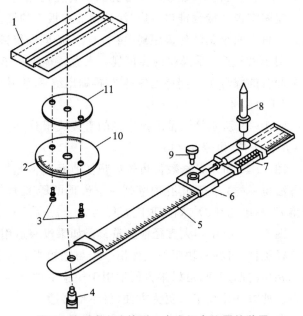

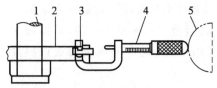

图 10-46 在车削时找正工件的方法

1—刀杆;2—钢板;3—弓形夹;

4—千分尺;5—工件

图 10-47 确定或检测一个空间点位置的装置

1—空间固定件;2—刻度;3—螺钉;4—螺销;

5—长尺;6—固定块;7—游标滑块;8—千分尺;

9—螺钉;10—分度盘;11—间隔片

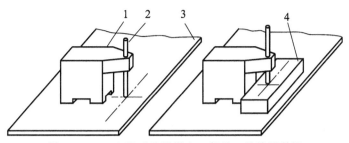

图 10-48 一定相对位置叠在一起的工件检测装置
1—基准块;2—销;3—平台;4—工件

图 10-44 所示是刻制薄标尺的方法。将薄钢板条 2 粗磨后,用胶粘接在圆柱 1 上,进行磨削至直径 D。然后装在铣床分度头上找正,进行分度刻线,取下来校平,即可作为标尺用。

图 10-45 所示是测量轴转速的方法。当没有适用的转速表时,可用图示简易方法进行测量。将线绳打两个结,结间距离尽量大些。将线绕在轴上后,开动机床,第一个结出现时启动跑表,第二个结出现时,终止跑表,根据轴上绕线圈数和时间记录,即可算出单位时间内轴的转速。

图 10-46 所示是在车削时找正工件的方法。当没有千分表时,也可以用千分尺对车削件进行找正。在刀杆 1 上固定一块向内伸出 150 mm 的钢板 2,用弓形夹 3 固定一个千分尺 4,使千分尺接触工件 5,记下一个读数后退回,将工件转 180°,再使千分尺接触工件,记一个读数后退回,由两个读数之差,就可以知道工件的位置偏差。用此法测出工件的四个部位,即可以将工件摆正。此法有与用千分表时同样的找正精度,只是略费时间而已。

图 10-47 所示是确定或检测一个空间点位置的装置。作为坐标轴的螺销 4 上串有分度盘 10 和间隔片 11。分度盘 10 和间隔片 11 用螺钉 3 紧固在空间固定件 1 上。在分度盘下有个长尺 5,尺上套着游标滑块 7,滑块 7 上有一个上下位置可调的千分尺 8,千分尺 8 由螺钉 9 固定在长尺 5 的一定位置,其位置由游标滑块 7 确定。长尺 5 的转角由分度盘 10 的刻度确定。这样就可以由千分尺 8 确定一个空间点相对固定件 1 的准确位置。

图 10-48 所示是将一叠工件按一定相对位置叠在一起的检测装置。平台 3 上的基准块 1 上有个可上下滑动的销 2,销 2 对准一个工件 4 的坐标后,将工件紧固在台面 3 上。在工件 4 上面再放上第二个有标准点的工件,销 2 只对准其标准点,即可以保证对两件的相对位置。依此类推,还可以叠加更多的工件。

10.2 量规、卡规检测技术

10.2.1 卡规检测技术

这里提到的卡规包括卡钳和游标卡尺、千分卡规。在生产现场常用到的卡规检测仪具与检测方法如图 10-49～图 10-68 所示。

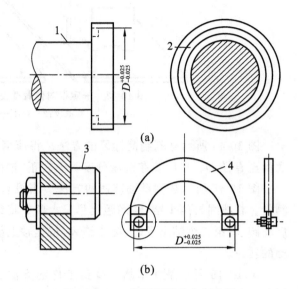

(a)

(b)

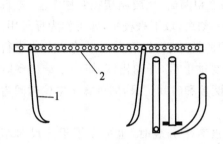

图 10-49　多用途卡钳

1—卡钳；2—方棒

图 10-50　检测环槽的自制卡规

1—工件；2—环槽；3—偏心销；4—卡规

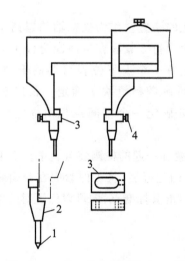

图 10-51　用于检验划线的卡尺附件

1—硬划针；2—筒夹；3—黄铜件；4—黄铜螺钉

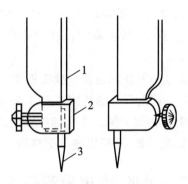

图10-52　审校图样用的游标卡尺

1—卡尺脚；2—夹子；3—针

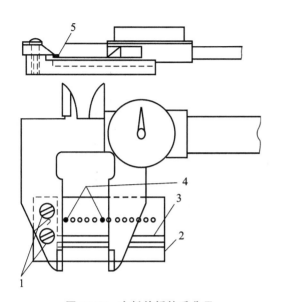

图 10-53　有托件板的千分尺

1—螺钉；2—托板；3—V 形槽；4—销；5—间隙

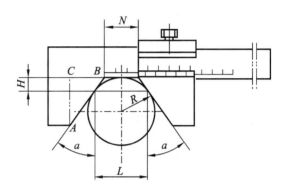

图 10-54　可直接读圆弧半径的游标卡尺

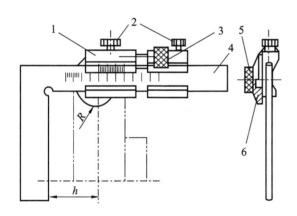

图 10-55　蜗轮圆弧卡尺

1—副尺；2—紧定螺钉；3—调节螺母；

4—主尺；5—紧定螺母；6—可换圆弧盘

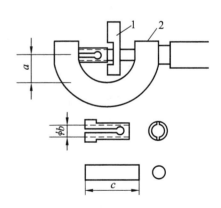

图 10-56　加长千分尺测砧

1—工件；2—千分尺

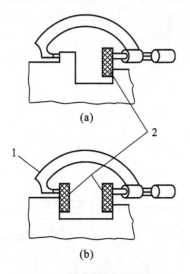

(a)

(b)

图 10-57 用磁铁帮助检测(一)

1—外径千分尺;2—磁铁

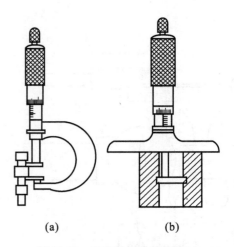

(a)　　　　(b)

图 10-58 用磁铁帮助检测(二)

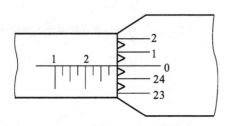

图 10-59 有齿的千分尺套筒

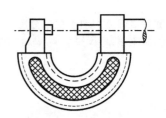

图 10-60 有橡皮套的千分尺

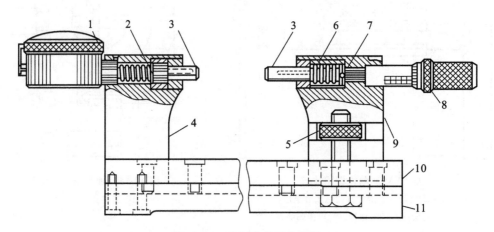

图 10-61 自制大件千分卡规

1—千分尺表;2—测针;3—活动测头;4—固定支承;5—螺母;

6—弹簧;7—减摩滚珠;8—千分尺;9—活动支承;10—导轨;11—量规平台

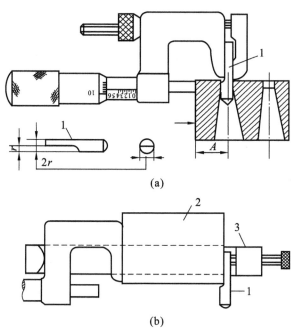

(a)

(b)

图 10-62 用千分尺检测孔的边距

1—销;2—规块;3—U 形件

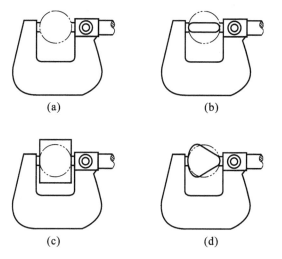

(a) (b)

(c) (d)

图 10-63 用普通千分尺对四种不同形状的工件进行测量

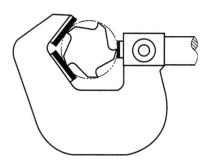

图 10-64 有 V 形砧的专用千分尺

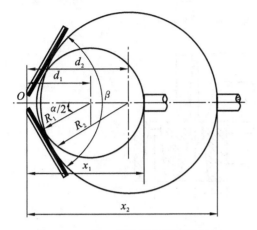

图 10-65　用 V 形砧千分尺测量半径

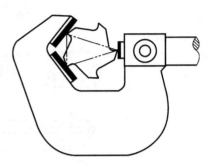

图 10-66　用 V 形砧千分尺测量的一种方法（一）

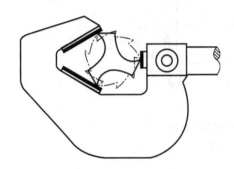

图 10-67　用 V 形砧千分尺测量的一种方法（二）

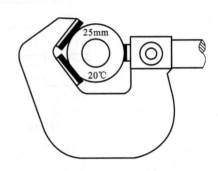

图 10-68　用来检验 V 形砧千分尺的标准样件

图 10-49 所示是多用途卡钳。在一个方棒 2 上开一系列孔，用弹簧垫圈与有翼螺母和螺栓紧固一对卡钳 1（形式多样），可用来测量外径，反装时可用来测量内径。由于卡钳有一定弹性，可以在有轻微变形的状态下从测量部位取出来。

图 10-50(a) 所示工件 1 的凸缘后面有个环槽 2，槽径 D 用一般卡规是难以检测的。可以做个如图 10-50(b) 所示的卡规 4，一个销是固定的，另一个是偏心销 3，可将卡规调到所要求的公差范围内，对环槽 2 进行检测。

图 10-51 所示是用于检验划线的卡尺附件。在卡尺两脚上用黄铜螺钉 4 和黄铜件 3 各固定一个硬划针 1 的筒夹 2。使针尖与卡尺脚的内侧位于一条线上，可直接从卡尺上读出两个针尖的间距，亦可用其划规定间距的两条线。

图 10-52 所示是用于审校图样的游标卡尺。将两个针 3 大端磨出位于中线上的平面，用夹子 2 将其固定到卡尺脚 1 上，针尖正好与卡尺内侧平齐。夹子 2 由两块平板钎焊在一起，固定针的部分有 V 形槽。这与图 10-51 中的情况大同小异。

图 10-53 所示是有托件板的千分尺。用千分尺测量小件时，既要将其摆正又要防止脱落，是很不容易的。可用螺钉 1 或双面胶带，将一个托板 2 装到固定钳口下面，在一排孔中插一个与工件定位的间隙配合的销 4，对有些工件还可以用板 2 上的 V 形槽 3 定位。托板 2 与活动钳口之间有间隙 5，不影响其开合。

图 10-54 所示是可直接读圆弧半径的游标卡尺。其测量原理是
$$L = 2R\cos\alpha, \quad H = 2R(1 - \sin\alpha), \quad N = L - 2H\tan\alpha$$
当角度 $\alpha = 36°48'42''$ 时，则直角三角形 $\triangle ABC$ 的三个边整数比为 $AB:AC:BC = 5:4:3$，满足 $N=R$ 的条件，N 值可以直接读出。其余部分与普通游标卡尺相同。

图 10-55 所示是蜗轮圆弧卡尺。卡尺由副尺 1、主尺 4、可换圆弧盘 6、紧定螺钉 2、调节螺母 3 与紧定螺母 5 等构成，可一次完成对蜗轮圆弧半径 R 和中心高度 h 的测量。对不同规格的蜗轮，只需要更换相应的圆弧盘 6。

图 10-56 所示是加长千分尺测砧的方法。当需要利用千分尺 2 的最大探距 a 对工件 1 进行测量时，可加一个开槽淬硬套筒，其孔 ϕb 与测砧过渡配合，另将一个适宜长度 c 的销插入套筒内，作为附加测砧，对工件 1 的最大探距处进行测量。

图 10-57 所示是用磁铁帮助检测的方法。将外径千分尺 1 和平行度好的磁铁 2 结合使用，可用来进行很多检测工作。图示是两个应用例子。

图 10-58 所示也是用磁铁帮助检测的两个例子。如图 10-58(a)所示，将两片平行度好的磁铁吸在测砧上，测量凸台高度。如图 10-58(b)所示，将一片磁铁吸在测杆端头，测量孔内槽的深度。这些方法适用于非铁金属，使用后应将千分尺消磁。

图 10-59 所示是有齿的千分尺套筒。用有齿凸模在千分尺套筒的刻度线之间压出 V 形槽，可以使靠近套筒的轴上刻度线更好地显示出来，判读更方便。

图 10-60 所示是有橡皮套的千分尺。在千分尺上套一个橡皮套，有便于掌握、不易滑落等优点。

图 10-61 所示是自制大件千分卡规。将一个千分尺表 1 装在固定支承 4 上，其测针 2 顶在一个由弹簧作用的活动测头 3 上。一个千分尺 8 装在活动支承 9 上，在其测针与弹簧 6 作用的测头 3 之间有个减摩滚珠 7。量规平台 11 的上平面与下脚是平行的，中间有凹槽。在支承 4 和 9 的两侧有导轨 10。活动支承 9 粗定位后，由螺母 5 锁定在平台 11 上。将千分表调零，在两个测头 3 之间用规块和千分尺 8 调好名义尺寸后，即可以由千分表读出工件的正、负公差。

图 10-62 所示是用千分尺检测孔的边距的方法。当孔的边距 A 要求严格时，例如连续模中的凹模口和定位销等的边距，可做个与孔间隙配合的销 1，将其一端削去一半到中线，利用千分尺进行测量（见图 10-62(a)）。如果边距大，可做个 U 形件 3，将千分尺、规块 2 和销 1 夹在一起，测出边距（见图 10-62(b)）。

图 10-63～图 10-68 是 V 形测砧在千分尺中的应用例子。

图 10-63 所示是用普通千分尺对四种不同形状的工件进行测量的情况，形状虽不同，但它们有一个共同的特点，就是它们都与圆有关，不论外切、内切，其切点都是位于直径上的对称点，都与连接测砧接触点的直线重合。

图 10-64 所示是有 V 形砧的专用千分尺，用于不能用普通千分尺测量的工件。这些工件可称为准圆件，它们也有共同特点，如键槽和齿等凸出点的个数，都是奇数 m，通过一个齿的中心线，正好通过另两个齿的中点。两邻齿的夹角 $\alpha = 360°/m$，V 形砧的夹角 $\beta = 180° - \alpha$。一般千分尺每转的增量是 0.5 mm，相应的轴向进距即标准螺纹的节距 $p = 0.25[1 + 1/\cos(\alpha/2)]$。表 10-1 所示为专用千分尺几个参数 m、α、β 和 p 之间的相关值。

表 10-1　专用千分尺的参数

m	α	β	p
3	120°0′0″	60°0′0″	0.750
5	72°0′0″	180°0′0″	0.559
7	51°25′43″	128°34′17″	0.527
11	16°21′49″	163°38′11″	0.503
∞	0°0′0″	180°0′0″	0.500

图 10-65 所示是用 V 形砧千分尺测量半径为 R_1 和 R_2 大小不同两个准圆件，千分尺的零点相当原点 O，相应的尺寸 $x_1 = d_1 + R_1$，$x_2 = d_2 + R_2$，而 $d_1 = R_1/\cos(\alpha/2)$，$d_2 = R_2/\cos(\alpha/2)$。因而 $x_1 = R_1[1 + 1/\cos(\alpha/2)]$。砧的相对位移为 $x_2 - x_1 = (R_2 - R_1)[1 + 1/\cos(\alpha/2)] = (R_2 - R_1)K$，$K = 1 + 1/\cos(\alpha/2)$。对于普通千分尺，$m = \infty$，$\alpha = 0$，$K = 2$。

图 10-66 所示是用 V 形砧千分尺对接触点是一个等腰三角形的工件大小的测量方法。

图 10-67 说明，对所有工件凸出点为表 10-1 中奇数 m 的倍数时，其测量方法和读数与凸出点个数为 m 的工件完全相同。例如图示九齿工件，即可用 $m = 3$ 的千分尺进行测量。

图 10-68 所示是一个用来检验 V 形砧千分尺的标准样件。

10.2.2　量规检测技术

在生产现场常用到的量规检测仪具如图 10-69～图 10-77 所示。

图 10-69 所示是检验轴件直径用的通规与止规。两种验规外形有差别，但都要滚花。由于轴端一般都倒角，验规孔口不须再倒角。

图 10-70 所示是自制卡规。铣出一个矩形块后，在坐标镗床上镗四个孔，再做出 U 形槽，压入圆销即成。外面是一对通规 1，内面是一对止规 2。

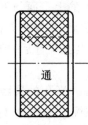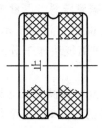

图 10-69　检验轴件直径用的通规与止规

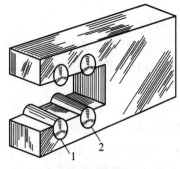

图 10-70　自制卡规

1—通规；2—止规

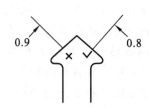

图 10-71　检测小间隙用的通规与止规

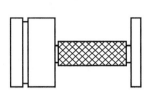

图10-72 内圆磨用的量规

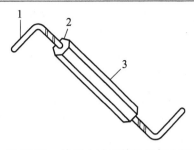

图 10-73 检测小孔用的通规与止规

1—细钻头；2—手柄端面；3—手柄

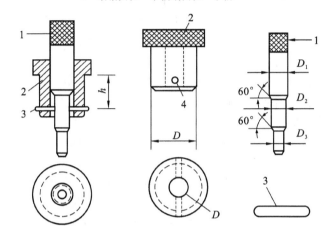

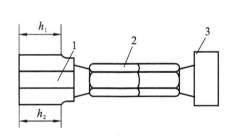

图 10-74 大孔径验规

图 10-75 检验孔内环槽深度的通规与止规

1—插销；2—衬套；3—销；4—孔

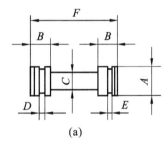

(a)

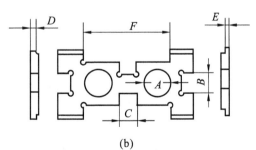

(b)

图 10-76 检测孔径和深度的通规与止规

图 10-77 检测六个尺寸的通规与止规

1—通端；2—规体；3—止端

图 10-71 所示是检测小间隙用的通规与止规。一些电子零件需要百分之百地对间隙进行检查,可将淬硬的钢丝磨到所要求的直径。图中 0.8 mm 的为通规,0.9 mm 的为止规。

图 10-72 所示是内圆磨用的量规。用通规与止规可检测工件是否已可进行最后一次磨削,并估计是否已达到许用尺寸范围。

图 10-73 所示是检测小孔用的通规与止规。检测直径 3 mm 以下小孔的过与不过,由细钻头制成,因为可供选用的细钻头较多。将细钻头 1 加热弯曲后,插入手柄 3 孔内,向钻头槽内灌树脂固定。一端是通规,另一端是止规。

图 10-74 所示是大孔径验规。为了减轻大孔径验规的重量,可用板料制作验规,中间开个大的长圆孔。检验时,先手握止端,将通端插入孔内,再反过来握通端,将止端试插孔内。工作部分可以局部淬硬,并标上验规号码,注明所检验的孔径公差范围。

图 10-75 所示是检验孔内环槽深度的通规与止规。做一个衬套 2,其直径 D 与工件的孔间隙配合,下端有小孔 4,其与凸缘之间的高度 h 等于工件孔内环槽到孔口的距离。有一个台阶形插销 1,其最小直径 D_3 与两个插在孔 4 内的等长度小销 3 合在一起,刚能通过工件的孔。当插销 1 可以再深入一些时,直径 D_2 部分将小销推出,起过规作用,如果直径 D_2 部分不能深入,说明槽的深度不够。如果直径 D_2 部分可以深入,而直径 D_1 部分不能,说明槽的深度够。如果直径 D_1 部分也能够深入,说明槽深超差了。

图 10-76 所示是兼测孔径和深度的通规与止规。规体 2 和止端 3 同标准止规,只是将通端 1 磨出两个小平台,一个小平台表示孔深度下限值 h_2,另一个表示孔深度上限值 h_1,另磨出个整长纵平面,以便空气流通,容易插进和拔出。

图 10-77 所示是可检测六个尺寸的通规与止规。图 10-77(a)所示的滑阀从 A 到 F 六个尺寸,可用一个淬硬的工具钢板规进行检测。例如检测长度 F 有一个通口和一个止口,检测直径 A 也有一个通孔和一个不通孔。在各个开口和孔旁,都印有通与不通标记。

10.2.3 用千分表的检测技术

在生产现场用千分表的检测仪具与附件如图 10-78~图 10-91 所示。

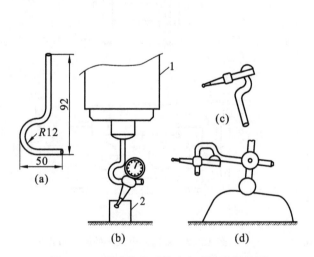

图 10-78 用千分表对转动台或柱进行检测

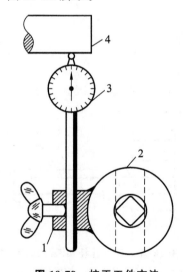

图 10-79 校正工件方法

1—支承块;2—车床刀架;3—千分表;4—工件

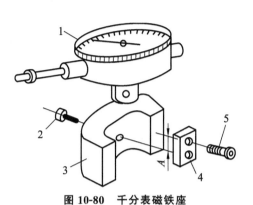

图 10-80 千分表磁铁座

1—千分表；2、5—螺栓；3—磁铁；4—黄铜板

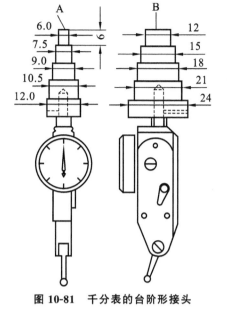

图 10-81 千分表的台阶形接头

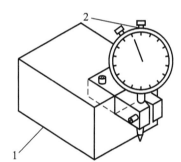

图 10-82 平面磨削检测用的千分表

1—支承块；2—千分表

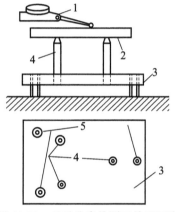

图 10-83 用千分表检测工件平面度

1—千分表；2—工件；3—铝板；4—销；5—螺栓

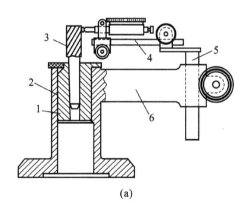

(a)

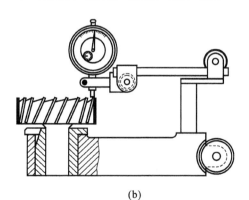

(b)

图 10-84 用千分表检验铣刀的装置

1—衬套；2—筒座；3—铣刀；4—杆；5—轴；6—支臂

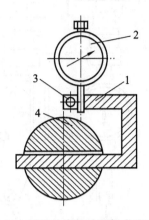

图 10-85　用千分表检验刀杆方孔对称度

1—曲架;2—千分表;3—螺钉;4—刀杆

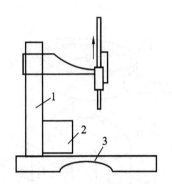

图 10-86　做直角尺用的千分表座

1—立柱;2—工件;3—底板

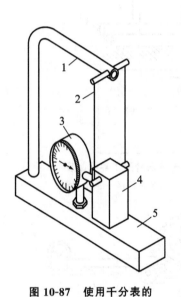

图 10-87　使用千分表的
精密水平板

1—曲杆;2—金属丝;
3—千分表;4—重块;5—底座

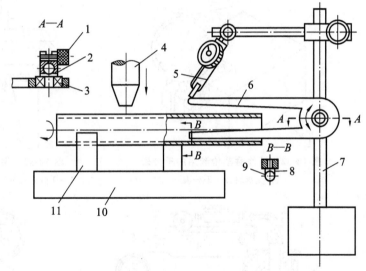

图 10-88　利用千分表校直管内孔直线度的装置

1—螺栓;2—夹紧件;3—轴承;4—冲头;5—千分表;6—U形叉;7—立柱;
8—测量头;9—钢球;10—手动压床台;11—V形架

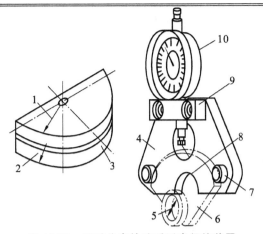

图 10-89　用千分表检验弧形半径的装置

1—最小半径；2—最大半径；3—样件；4—板；5—内圆；6—工件；7—销；8—半径；9—夹板；10—千分表

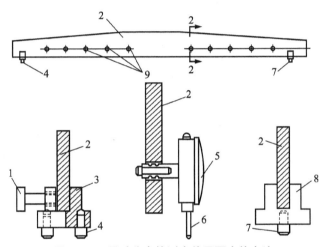

图 10-90　用千分表检测大件平面度的方法

1—螺栓；2—长梁；3—支承块；4—支承销；5—千分表；6—触针；7—支承销；8—支承块；9—工具孔

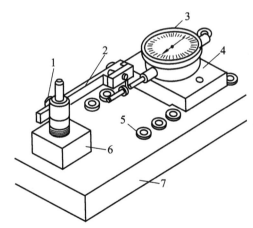

图 10-91　确定飞刀到主轴的距离的装置

1—螺栓；2—飞刀杆；3—千分表；4—底座；5—衬套；6—凸台；7—底板

图 10-78 所示是由钢棒弯成的千分表托架。由 φ5 mm 的钢棒弯成如图 10-78(a) 所示的千分表托架,装在铣床轴上(见图 10-78(b)),用千分表对转动台或柱 2 进行检测;还可以用来固定千分尺,进行各种检测工作,如图 10-78(c)、(d) 所示。

如图 10-79 所示,在车床刀架 2 上钎焊一个支承块 1,可用来随时装卡一个千分表 3,以校正工件 4。

图 10-80 所示是千分表磁铁座。将厚 12 mm 的黄铜板 4 由螺栓 2 固定在马蹄形磁铁内,千分表 1 插在磁铁 3 和铜板 4 之间,绕螺栓 5 摆到规定角度后,拧紧螺栓将其固定。磁铁可放在任何适宜的检测部位。两个螺栓间的距离 A 约为 6 mm。

图 10-81 所示是千分表的台阶形接头。当千分表与刀具接头直径不同时,一再更换接头很费时间。可将接头做成台阶形的。A 型台阶直径差为 1.5 mm,B 型台阶直径差为 3 mm,这两种型号每阶高度都是 6 mm。这样一个接头可用于 5 种内径不同的筒夹。

图 10-82 所示是平面磨削检测用的千分表。在横轴平面磨床上湿磨平面后,检验工件厚度时,断电后,需将工件擦净再进行检测,颇费时间。改善办法是为千分表 2 加工一个铝支承块 1,将铝块和测量针尖在平台上调平并将指针调零。这样可在不停电的情况下,只将工件检测部位擦净一个小面积来进行检测。

图 10-83 所示是用千分表检测工件平面度的方法。在一个铝板 3 下面装三个支承用的螺栓 5,上面固定三个 φ24 mm 锥端倒圆的销 4。这样可支承底面不平整的工件 2。加工后用千分表 1 检测其平面度。

图 10-84 所示是用千分表检验铣刀的装置。装置用来检验铣刀的同轴度和垂直度。有个刚度高的筒座 2,在强有力的支臂 6 的外端衬套里有个可调上下位置的轴 5,在轴 5 的接头上安装千分表的横杆 4。筒座内有个间隙配合的衬套 1。图 10-84(a) 所示是检验铣刀 3 同轴度的情况,转动衬套的滚花凸缘,可看出各种刀刃的同轴度。图 10-84(b) 所示是将杆 4 的接头转个方向,检验端面铣刀平行度的情形。

图 10-85 所示是用千分表检验刀杆方孔对称度的方法。在曲架 1 的上边装千分表 2,用螺钉 3 紧固。将另一边插入刀杆 4 的方孔中,推拉曲架找出最大读数。抽出曲架,将刀杆转 180°后再插入曲架并找出最大读数。由两个读数可看出方孔在刀架上的对称度。

图 10-86 所示是做直角尺用的千分表座。立柱 1 与底板 3 垂直度好的千分表座,可用做直角尺,以检验工件 2 的垂直度。

图 10-87 所示是使用千分表的精密水平板。当机床等设备要求高水平精度时,可采用此简易测试仪器。做一个底面光洁平整的底座 5,在其上固定一个曲杆 1 和一个千分表 3。在杆 1 上用金属丝 2 吊一个重块 4,其平滑光洁的一面与千分表指针接触,将其摆在测试点,由千分表得到一个读数后,将仪器转 180°,再得出一个读数,即可知所测面是否水平。杆 1 越高,重块 4 重量越大,精度也越高。

图 10-88 所示是利用千分表校直管内孔直线度的装置。装置有 U 形叉 6,叉的一端接触千分表 5 触针,另一端上固定一个有钢球 9 的测量头 8,叉头孔内的轴承 3 内圈与夹紧件 2 的柄部压合,用螺栓 1 紧固在立柱 7 上。管件摆在手动压床台 10 上的两个 V 形架 11 上。将叉 6 在管内缓慢移动,查出管某部有挠曲时,由冲头 4 加适当压力,如此反复数次,可将管件校直。

图 10-89 所示是用千分表检验弧形半径的装置。工件 6 有个小于 180°的圆弧,是利用其内圆 5 装在芯轴上加工的。图示检验装置可用来在加工中进行检验。先加工一个样件 3,其上有半径分别为许可的最小半径(上部分)和最大半径的圆弧 1 和圆弧 2。千分表 10 用夹板 9 固定在板 4 上,板 4 上有两个销 7。将样件 3 靠在销 7 上,在千分表 10 上定出上、下限读数,在加工中随时将两个销 7 放在工件 6 上,即可判定圆弧 8 的半径是否已位于许用范围内。

图 10-90 所示是用千分表检测大件平面度的方法。长梁 2 上的一些工具孔 9 位于一条直线上,其右端的支承块 8 下有个支承销 7。左端是可调梁 2 高低的支承块 3,下面有两个支承销 4,由螺栓 1 将梁 2 紧固到一定高度。将千分表 5 依次插入各工具孔 9 中,由触针 6 接触平台得到一系列读数,由其判断梁各部分的平面度。

图 10-91 所示是确定飞刀到主轴的距离(即切割半径)的装置。在底板 7 上有个插飞刀轴的凸台 6,在凸台 6 与底座 4 之间以一定的间隔安装两排衬套 5。千分表 3 的底座 4 在两个衬套上定位。飞刀杆 2 伸出长度即为切割半径,由千分表读数确定切割半径的值后,将螺栓 1 紧固。

10.3　三坐标测量机

图 10-92 所示三坐标测量机是近三十年来发展起来的一种高效率的新型精密测量仪器。它广泛地用于机械制造、电子、汽车和航空航天等工业中。它可以进行零件和部件的尺寸、形状及相互位置的检测,例如箱体、导轨、涡轮和叶片、缸体、凸轮、齿轮、形体等空间型面的测量。此外,还可以用于划线、定中心孔、光刻集成线路等,并可对连续曲面进行扫描及制备数控机床的加工程序等。由于它的通用性强、测量范围大、精度高、效率高、性能好、能与柔性制造系统相连接,已成为一类大型精密仪器,故有"测量中心"之称。

图 10-92　三坐标测量机

三坐标测量机作为大型精密仪器,可方便地用来进行空间三维尺寸的测量,可实现在线检测及自动化测量。它的优点是:①通用性强,可实现空间坐标点位置的测量,方便地测量出各种零件的三维轮廓尺寸和位置精度;②测量精确可靠;③可方便地进行数据处理与程序控制。

随着机械、汽车、航空航天和电子工业的兴起,各种复杂零件的研制和生产需要先进的检测技术与仪器,因而体现三维测量技术的三坐标测量机应运而生,并迅速发展和日趋完善。三坐标测量机在下述方面对三维测量技术有重要作用。

(1) 实现了复杂形状表面轮廓尺寸的测量,例如箱体零件的孔径与孔位、叶片与齿轮、汽车与飞机等的外廓尺寸检测。

(2) 提高了三维检测的测量精度。

(3) 由于三坐标测量机可与数控机床和加工中心配套组成生产加工线或柔性制造系统,从而促进了自动生产线的发展。

(4) 三坐标测量机精度的不断提高,自动化程度的不断发展,促进了三维测量技术的进步,大大提高了测量效率。

目前,国内外三坐标测量机正迅速发展。国外著名的生产厂家有德国的蔡司(Zeiss)和莱茨(Leitz)、意大利的 DEA、美国的布朗-夏普(Brown&Sharpe)、日本的三丰(mitutoyo)等公司,我国自 20 世纪 70 年代开始引进、研制三坐标测量机以来,三坐标测量技术也有了很大发展。我国的三坐标测量机主要生产厂家有中国航空精密机械研究所、青岛前哨英柯发测量设备有限公司、上海机床厂、北京机床研究所、哈尔滨量具刃具厂、昆明机床厂和新天光学仪器厂等。现在,我国已具备年产几百台各种型号三坐标测量机的能力。

三坐标测量机种类繁多、形式各异、性能多样,所测对象和放置环境条件也不尽相同,但大体上皆由若干具有一定功能的部分组合而成。

作为一种测量仪器,三坐标测量机的功能主要是比较被测量和标准量,并将比较结果用数值表示出来,三坐标测量机需要三个方向的标准器(标尺),利用导轨实现沿相应方向的运动,还需要三维测头对被测量进行探测和瞄准。此外,测量机还具有数据处理和自动检测等功能,但需由相应的电气控制系统与计算机软、硬件实现。

三坐标测量机主要由主机、测头、电气系统三大部分组成。

1)主机

主机由以下部分组成。

(1)框架结构　框架结构是指测量机的主体机械结构架子。它包括工作台、立柱、桥框、壳体等机械结构。

(2)标尺系统　标尺系统是测量机的重要组成部分,是决定仪器精度的重要环节。该系统还包括数显电气装置。

(3)导轨　导轨是测量机实现三维运动的重要部件。三坐标测量机多采用滑动导轨、滚动轴承导轨和气浮静压导轨,其中以气浮静压导轨为主。气浮静压导轨主要由导轨体和气垫组成,还包括气源、稳压器、过滤器、气管、分流器等。

(4)驱动装置　驱动装置是测量机的重要运动机构,可实现机动和程序控制伺服运动的功能。

(5)平衡部件　平衡部件主要用于 Z 轴框架结构中,其功能是平衡 Z 轴的重量,以使 Z 轴上下运动时无偏重干扰,检测时 Z 向测力稳定。

2)三维测头

三维测头是三维测量的传感器,它可在三个方向上感受瞄准信号和微小位移,以实现瞄准和测微两种功能。三坐标测量机的功能、工作效率、精度与测头密切相关。没有先进的测头,就无法发挥测量机的功能。测量机的测头主要有硬测头、电气测头、光学测头等。测头有接触式测头和非接触式测头之分。按输出的信号分,有用于发信号的发式测头和用于扫描的瞄准式测头、测微式测头,此外,还有测头回转体等附件。

3)电气系统

电气系统包含电气控制系统和计算机及测量机软件两部分。

(1)电气控制系统　它是测量机的电气控制部分。它具有单轴与多轴联动控制、外围设备控制、通信控制和保护与逻辑控制等。

(2)计算机及测量机软件　它是为电气系统配置的各种计算机和测量机软件。测量机软件包括控制软件与数据处理软件,具有统计分析、误差补偿和网络通信等功能。

4) 计算机打印与绘图装置

计算机打印与绘图装置是测量机测量结果的输出设备,可根据测量要求,打印出数据、表格,绘制图形。

三坐标测量机的主要要求是精度高、功能强、操作方便。三坐标测量机的精度与速度主要取决于机械结构、控制系统和测头,功能则主要取决于软件和测头,而操作方便与否与软件有很大关系。如果把整个三坐标测量机系统比作人的话,软件系统则是人的大脑。

如果三坐标测量机的软件系统不强,即使机械、电控柜和测头系统再好,也只不过是"四肢发达、头脑简单"的"低能儿"。

三坐标测量机的基本测量原理是,首先将各种几何元素的测量转化为这些几何元素上一些点集坐标位置的测量,在测得这些点的坐标位置后,再由软件按一定的评定准则算出这些几何元素的尺寸、形状、相对位置等等。在计算机控制下,测量机可以按所要求的采样策略自动对这些点的坐标进行测量,并算出这些几何元素的参数值。这一建立在坐标测量基础上的工作原理,使三坐标测量机具有很大的通用性与柔性。从原理上说,它可以测量任何几何元素的任何参数,因为测量机一律将它们转化为点集的坐标测量。只要适当改变控制软件,就可以采集不同点的坐标;只要适当变换数据处理软件,就可以按不同评定准则算出不同几何元素的各种参数值。

10.4 常用件测量仪器

10.4.1 CNC 齿轮测量中心

图 10-93 所示的 CNC 齿轮测量中心是 20 世纪 80 年代国际上迅速发展起来的机电结合的高技术量仪。它集先进的计算机技术、微电子技术、精密机械制造技术、高精度传感技术、信息处理技术与精密测量技术于一体。

图 10-93 CNC 齿轮测量中心

它由机械系统、数控系统和计算机软件三大部分组成。机械部分由切向(T 轴)、轴向（Z 轴）和径向（R 轴）三个方向的直线导轨和一个回转主轴（θ 轴）组成。四个坐标轴分别由各自的伺服电动机驱动，通过数控系统实现四轴联动。三个直线导轨上分别装有长光栅，主轴上同轴安装有一个圆光栅，用来实时测量各轴的位置。工件安装在主轴上，随主轴一起转动。测头（微位移传感器）安装在 R 轴滑台上。

在 CNC 齿轮测量中心上，计算机根据测量项目的要求，通过数控系统控制各轴运动，使测头相对于被测工件产生所要求的测量运动。运动过程中，计算机实时采集测头的示值和同一时刻各坐标轴光栅的计数值，然后经过分析处理，输出测量结果。由于各坐标轴装有光栅，当数控系统控制测头相对工件运动时，无论运动轨迹是否偏离理论轨迹，计算机把实时采集到的一系列测头示值和光栅读数，经过适当的坐标变换，得到被测工件实际廓形上的一系列坐标点（实测曲线），再将这些坐标点与理论曲线比较，最后得到被测廓形的误差曲线。影响齿轮测量中心测量精度的主要因素有以下几点。

（1）测头、光栅等测量基准件的准确度，包括机械结构中直线导轨的导向精度（直线度）、主轴回转精度、各坐标轴之间的相互位置精度（垂直度、平行度）及机械刚度。

（2）各轴坐标值采样的同时性以及传感器及其测量电路的动态响应特性。

（3）位置控制精度　虽然从原理上讲数控系统的位置控制精度对测量结果没有影响，但考虑到机械系统的刚度和测量系统的动态特性，也应该尽可能地提高位置精度和运动平稳性。

3906 型 CNC 齿轮测量中心主轴电动机采用直接驱动新技术，直线导轨电动机采用进口步进电动机和细分驱动技术，运动控制的脉冲当量，直线轴的为 0.04 μm，主轴的为 0.32″；测头采用 TESA 电感测微仪和高频响放大模块；长光栅采用 HEIDENHAIN 公司的 LIP 光栅，测量分辨力达到 0.02 μm，测量准确度为 ±0.5 μm；圆光栅的角度分辨力达 0.09″，测量准确度为 1″。

10.4.2　连杆综合测量装置

连杆综合测量装置如图 10-94 所示。

图 10-94　连杆综合测量装置

1．检测参数

（1）大头孔（曲拐孔）直径及圆度、锥度。

（2）小头孔（活塞销孔）直径及圆度、锥度。

（3）两孔中心距（平均值）。

（4）两孔轴线间的平行度。

（5）两孔轴线间的扭曲度。

（6）连杆大端两端面平行度及连杆大端厚度。

（7）连杆大孔与上、下两端面各自的垂直度。

2．功能特点

（1）台式综合测量装置，可采用气动测量或电子测量形式，配置拼合浮标式气动量仪，或电子柱量仪，或小型工控机。

（2）手动上料，自动测量。

3．主要技术指标

（1）重复性精度：$\leqslant 0.1\delta$（δ 为被测参数公差带）。

（2）长时间稳定性：$\leqslant 2\ \mu m$（4 h 内）。

（3）测量节拍：15 秒/件。

10.4.3　曲轴综合测量仪

曲轴综合测量仪如图 10-95 所示。

图 10-95　曲轴综合测量仪

1．检测参数

（1）曲轴主轴颈的外径、圆度、锥度、径向跳动等。

（2）曲轴曲拐颈的外径、圆度、锥度、位置度、对主轴颈的平行度、偏心距等。

（3）曲轴左端的外圆的端面圆跳动、外径、外圆径向跳动等参数。

（4）曲轴右端内孔的径向跳动、外圆径向跳动、外径等。

（5）曲轴主轴颈的开档宽度和端面圆跳动，曲拐颈的开档宽度和端面圆跳动等。

（6）对主轴颈及曲拐颈进行分组。

（7）对曲轴进行标记。

2. 功能特点

（1）落地式综合测量仪、工控机型。

（2）半自动、多参数电动、综合测量。

3. 主要技术指标

（1）重复性精度：$\leqslant 0.1\delta$（δ 为被测参数公差带）。

（2）分辨率：$0.1\ \mu m$。

（3）长时间稳定性：$\leqslant 2\mu m$（4 h 内）。

（4）测量节拍：约 100 秒/件。

思 考 题

1. 单件生产常使用哪些测量工具？

2. 大批量生产时常使用哪些测量工具和仪器？

3. 高精度的测量工具有哪些？

4. 对于特殊表面和难测量的部位，现场采用了哪些方法？

5. 试述三坐标测量仪的用途。

6. 齿轮测量除使用 CNC 齿轮测量中心外，常用的还有哪几种装置，如何操作？

7. 你还能举出哪些常用测量器？试述其用途。

参 考 文 献

[1] 丁家镛,吴一江.机械工程学基础[M].2版.北京:机械工业出版社,1994.

[2] 张世昌.机械制造技术基础[M].北京:高等教育出版社,2010.

[3] 丁树模.机械工程学[M].北京:机械工业出版社,2003.

[4] 华茂发.数控机床加工工艺[M].北京:机械工业出版社,2000.

[5] 蒋知民.机械图样新旧国家标准对照汇编[M].北京:国防工业出版社,1996.

[6] 马中骥.机械制图(下册)[M].北京:高等教育出版社,1959.

[7] 梁柄文.机械加工工艺与窍门精选[M].北京:机械工业出版社,1997.

[8] 魏兵.机械基础[M].北京:高等教育出版社,2010.

[9] 张英杰.CAD/CAM原理及应用[M].北京:高等教育出版社,2009.

[10] 任小中.先进制造技术[M].武汉:华中科技大学出版社,2009.

[11] 李云.机械制造工艺及设备设计指导手册[M].北京:机械工业出版社,2011.

[12] 陈朴.机械制造生产实习[M].重庆:重庆大学出版社,2010.

[13] 机械工程师手册编委会.机械工程手册[M].北京:机械工业出版社,2007.

[14] 陈宏钧,方向明.典型零件机械加工生产实例[M].北京:机械工业出版社,2010.

[15] 姜继海,李志杰,尹九思.汽车厂实习教程[M].哈尔滨:哈尔滨工业大学出版社,1998.

[16] 苏联汽车拖拉机工业部国立机械制造工厂设计院.机器制造工厂设计手册[M].北京:机械工业出版社,1953.

[17] 欧阳刚.机械加工生产性实训教程[M].成都:电子科技大学出版社,2009.

[18] 张秀珍,晋其纯.机械加工质量控制与检测[M].北京:北京大学出版社,2008.

[19] 张进生.机械工程实习教程[M].北京:机械工业出版社,2009.

[20] 胡家富.图解机械加工生产线操作工入门[M].北京:中国电力出版社,2010.

[21] 陈宏均,方向明,马素敏,等.典型零件机械加工生产实例[M].北京:机械工业出版社,2004.